厦门大学嘉庚建筑
凝结陈嘉庚的卓然智慧
形成中西合璧的独特风格
体现超越文化的永恒精神
只要你看
她就是最美的
……

厦门大学嘉庚建筑

陈嘉庚纪念馆研究丛书

庄景辉 庄齐 著

厦门大学党委书记 朱之文

序

在校庆90周年之际，《厦门大学嘉庚建筑》一书出版，这是厦门大学首次出版的一部客观、全面、系统地阐述和展现嘉庚建筑的悠久历史与传承发展的专著。令我感到特别欣慰的是，著作者乃我校教授庄景辉先生。他在厦门大学这块地灵人杰的土地上，学习和执教了近40年。作为历史考古学的人文学者，他怀着对校主陈嘉庚先生的景仰和对嘉庚建筑的挚爱，以求实的精神、独特的视角、优美的笔触，记述了嘉庚建筑的近百年建设历程，揭示了嘉庚建筑的丰厚历史底蕴，诠释了嘉庚建筑的深刻文化内涵。

校主陈嘉庚心怀"教育为立国之本，兴学乃国民天职"的崇高理想，于1921年4月6日创办了厦门大学。抱负天下为己任的陈嘉庚，以教育报国的远见卓识、以恪尽天职的国民自觉、以实业累积的全部身家、以诚毅果敢的超常毅力，自始至终践行着他梦寐以求的理想。厦门大学的诞生，开启了海外华侨捐巨资创办与建设大学的先河，并在中国教育史上留下了浓墨重彩的一页。

厦门大学嘉庚建筑，恢弘大气，风格独特，备受世人赞誉，是中国近现代校园建筑的典范，具有极高的历史价值、科学价值和艺术价值。2006年，群贤楼群、建南楼群、芙蓉楼群和博学楼被国务院列为第六批全国重点文物保护单位。我们保护这份历史文化遗产，首先是留住历史的记忆。嘉庚建筑是厦门大学历史进程的缩影，校主当年创办厦门大学，在选择校址规划蓝图时，以宏大的气魄和无比的智慧奠定了厦门大学广阔而坚实的基础，在建筑上以取用地产物料为主，以经济实用为原则，以闽南匠心工艺为营造之本，建造了独具中西合璧风貌的"嘉庚建筑"。他并不要求后来人墨守成规囿于现状，也预见到随着时代的发展，校舍建筑一定会科学创新。陈嘉庚的视界与胸襟是何等的超然！

保护更是为了传承和发扬光大。诚如校主所预言，厦门大学在近十来年里，迎来了三次大的建设机遇。2001年建校80周年之际落成本部校区嘉庚楼群，同年开工建设厦门大学漳州校区，2008年7月开始规划厦门大学翔安校区，将厦门大学的占地面积从原来的2000余亩增至9000余亩。"嘉庚建筑"的历史文脉在这里得以绵延传承，"嘉庚建筑"的文化遗产在这里得以永续发展。

嘉庚精神，激励着一代又一代的厦大人为学校的发展壮大和祖国的繁荣富强奋斗不息。嘉庚建筑的美，嘉庚建筑的魂，塑造了厦大人的文化特质，激励着厦大人，将至善、至美、至爱的追求发扬光大，延展向更加光辉灿烂的未来！

朱之文

自强不息 止于至善

目录

■ 只要你看，她就是最美的！ ——斯语

走进厦门大学嘉庚建筑

陈嘉庚回国参加全国政协筹备会，与毛泽东在北京中南海勤政殿前合影（1949年6月15日）

　　在东海之滨，在鹭岛之南，素以"南方之强"而蜚声海内外的高等学府厦门大学，就坐落于巍峨五老峰下、碧海金沙旁。这座"国家跨世纪重点建设"的教育部直属综合性大学，是由毛泽东主席高度赞誉为"华侨旗帜，民族光辉"的著名爱国华侨领袖陈嘉庚于1921年创办的。

　　陈嘉庚选择厦门岛南端背山面海的演武场地带筹建厦门大学，这里依峰傍海的开阔地势，有利于大规模地发展校园建设；这里坐拥山水的旖旎风光，可以为教育办学创造优美的学习环境。建设厦门大学，陈嘉庚以他的乡情国思和审美趣味强烈地影响着校园的建筑，规划布局采用"一"字形或半月形围合式方案，独创新意。他设计与兴建的校园建筑，始终注重闽南屋顶与西式屋身的巧妙结合，形成中西糅合的独特新奇的建筑形态，彰显其独树一帜的风采。厦门大学校园建筑，开始于20世纪20年代，包括群贤楼群、芙蓉楼群、建南楼群三个各自独立而又彼此联系的建筑组群，具有浓郁的时代特征，蕴涵着朴素的中国传统风水观念，体现着因地制宜的建筑构思和多元融合的创新精神。

厦门大学大南校门

厦门大学全景(本部校区)

　　经过几代人的努力，正朝着"世界知名的高水平研究型大学"的奋斗目标迈进的厦门大学，当人们在称赞其鲜明的办学特色和良好的学术声誉时，更为那中西合璧、古香古色、在中国建筑史上独领风骚的校园建筑楼群叹为观止。这些渗透着中国闽南古民居"飞檐翘脊"屋顶和西方南洋"白墙石柱"屋身结构的建筑楼群，像一件件精美的艺术品，错落有致地矗立在"厦大之美，全国之最"的校园里。

　　群贤楼群，是厦门大学最早建设的建筑楼群，"一主四从"的五幢楼一字形坐北朝南排列在广阔的演武场上，背依五老峰，与隔海的南太武山遥遥相对，气势恢弘，具有巨大的张力和强烈的视觉效果。舒展灵动、庄重大气的中式屋面优点与通风采光、自由布局的西式屋身长处在这里完美结合、相得益彰，从而使中西两种建筑文化巧妙地融为一体，展示其和而不同的韵致。这种中式占主导地位、西式从属相辅的建筑风格，体现了陈嘉庚对历史传统文化和民族精神的崇尚。

芙蓉楼群，围绕着芙蓉湖畔建设于20世纪50年代的芙蓉第一、第二、第三楼，强调西体中用，更多地增加闽南建筑的元素，突出民族特色。红墙绿瓦的中式屋顶、西式屋身的外廊建筑样式所显示的中西结合的优美建筑群形象，以红、绿色为主，白色为辅，在芙蓉湖的映衬下，色彩斑斓，犹如出水芙蓉，悠然卓立，随风揉碎的倒影留在了波光粼粼的湖面上。芙蓉楼群，是嘉庚建筑走向成熟的标志。

建南楼群，在厦门大学的嘉庚建筑中，亦由"一主四从"的五座大楼组成的这一楼群最为宏伟壮观，她是陈嘉庚倾注心血最多的杰作。弧形排列、巍然矗立在山坡上，正面向南俯瞰大海的建南楼群，在花岗岩石砌筑的可容纳两万人的大看台和椭圆形大运动场"上弦场"的烘托下，腾空驾起，恰似晴天白云下的琼楼玉宇，气势非凡，璀璨壮丽。坡屋顶采用的陈嘉庚亲自设计的被后人尊称为"嘉庚瓦"的橙红色大瓦片，尤为凸显建筑的气派，给蓝天、碧海、金沙、绿树、红瓦的校园主基调平添一番美的感受。

本部校区嘉庚楼群

2001年建校80周年之际落成的，在校园中心沿南北向成线性展开面向中心广场连接开阔的芙蓉湖的新嘉庚楼群，尤其是世纪之交为落实科教兴国战略拓展学校发展空间而落成的厦门大学漳州校区，2008年7月与厦门市政府签订"共建厦门大学翔安校区及厦门大学国家大学科技园协议"而开始规划与建设的占地3000余亩的厦门大学翔安校区，无论是建筑

理念的传承，还是建筑风格的发扬，始终散发着厦门大学传统建筑的独特魅力。主楼群一次又一次地以"一主四从"的轴线对称布局的形式建设，重续嘉庚建筑的中西合璧的建筑语言所表达的厦大校园情结，同时注入强烈的当代精神，在传统中又有创新，在创新中又有继承，构成嘉庚建筑的新时代特征，为走向现代化的厦门大学校园建设增添风彩。

漳州校区嘉庚楼群

翔安校区嘉庚楼群

校主陈嘉庚（1874—1961年）

　　校主陈嘉庚，虽然不是专业建筑师，但是他选址与规划、设计与监造的厦门大学校园建筑，美观大方、典雅庄重、坚固科学、经济实用，以其鲜明的个性风格被专称为"嘉庚建筑"而享誉海内外。嘉庚建筑，是陈嘉庚个人的审美品位与当地能工巧匠智慧碰撞的结晶，是西方南洋建筑与闽南建筑在实践中不断磨合筛选而达成的中西文化结合的成功范例。以群贤楼群、建南楼群、芙蓉楼群及博学楼为主体的厦门大学"嘉庚建筑"，于2006年被国务院公布为第六批"全国重点文物保护单位"。陈嘉庚高瞻远瞩的超然智慧和他那划时代的建筑，在中国"近代建筑历史

群贤楼

上有其不可磨灭的地位"，成为"最具世界经典的建筑之一"。在特定的历史时代建造起来的具有重要的艺术与科学价值的嘉庚建筑，对今天乃至未来的厦门大学的校园建设，都产生着重大而又深远的影响。

陈嘉庚，一面飘扬的旗帜，一个光辉的标志，一颗闪耀的星星。他之于"伟大"，不仅仅是一位实业家、教育家、慈善家、社会活动家所能涵盖的；他之于"精神"，也不只是以朴素的爱国主义、纯粹的民族情怀所能诠释的。陈嘉庚，以"天将降大任于斯人"的神圣使命感，前无古人后无来者，终其一生专注做

一件事，"倾资兴学"办教育，创办与建设了厦门大学。这是常人所不能觉悟，所难以追随的。陈嘉庚，他的个人存在、社会存在和精神存在，已经形成一种"嘉庚文化"，至今仍深深地影响着厦门大学的历史进程和人文性格。嘉庚建筑是嘉庚文化的载体，文化物化的最大化体现。厦门大学，从选址与规划，到设计与施工，以及后来的发展与建设，都包容在"嘉庚建筑"的内涵里，定格在"嘉庚建筑"的名片上。

只要你看，她就是最美的！让我们心存敬仰，走进"厦门大学嘉庚建筑"……

■ 我要完成这个大业，我完成不了，有我的儿女，有我海外的亲友，更重要的还有我们强大的新中国！——陈嘉庚

厦门大学创办与建设

厦门大学，是陈嘉庚创办的。

1874年10月21日，陈嘉庚诞生于福建省同安县集美社，17岁那年离乡出洋，跟随在新加坡开米店的父亲做生意。后来自立门户，发奋创业，先经营黄梨厂及米行，再着手垦殖树胶，因诚信经营，事业蒸蒸日上。至20世纪20年代，其实业达到鼎盛时期，资产约1200万元，公司雇员3万余名，旗下分行80余间，代理商百余家，分布于世界五大洲四五十个地区。陈嘉庚在新加坡商界崭露头角，"华侨大实业家"之名远播海内外。

1909年，陈嘉庚结识孙中山，加入同盟会，倾心革命，被推举为新加坡中华总商会协理及道南学堂的总理。1911年的辛亥革命推翻了清朝，建立了中华民国，更激起了陈嘉庚满腔的爱国热忱。他不仅出任新加坡福建保安会会长，筹款支持福建军政府，支援孙中山，而且"热诚内向，思欲尽国民一分子之天职"。陈嘉庚经商成功，亦跻身于华族社会上层，但他在新加坡却饱尝"祖国贫穷落后，政府腐败无能，华侨犹如海外孤儿"的滋味，也了解到了英、美重视教育，国强民富的情况。他立志效法洋人"竞争义务"，捐资兴

陈嘉庚像（1918年）

学以图祖国之富强，"义务为何？即捐巨金以补助国家社会之发达也，而补助之最当最有益者，又莫逾于设学校与教育之一举"。结合多年的观察所得和主理道南学堂的体会，陈嘉庚认定"教育为立国之本"！

基于"国民之发展，全在于教育"的重要性之认识，陈嘉庚于1912年亲自回到集美创办学校，竭力推进家乡教育事业的发展。同时他从办学的实践中体会到，中等师资的培养，各项专门人才

之培植，均有赖于高等教育。当时国内除了首都有北京大学，南京有东南大学，上海、杭州和广州有外国人设立的教会大学外，各省设立的大学和私人设立的大学都寥寥无几。号称世界头等国的美国的300所大学中，由商人兴办的就有二百八九十所，而"闽省千余万人，公私立大学未有一所，不但专门人才短少，而中等教师亦无处可造就"。 1918年11月，第一次世界大战结束，陈嘉庚对所经营的橡胶、船运、黄梨等行业进行结算，实存资产已达400万元。企业的巨大收益奠定了他回国兴办大学的决心。

1919年，怀着对中国作为战胜国之一竟任凭列强摆布的愤慨和看到五四爱国运动爆发带来了民族希望的兴奋，陈嘉庚感到回国创办大学的时机已经成熟，便决定把新加坡的实业交给胞弟陈敬贤及李光前、张两端负责经营，并郑重宣布"余蓄此念既久，此后本人生意及产业逐年所得之利，除花红外，或留一部分添入资本，其余所剩之额，虽至数百万元，亦决尽数寄归祖国，以充教育费用，是乃余之大愿也"。自己毅然离星返国，开始了"决意创办厦门大学"的"尽出家产以兴学"的计划。

厦门陈氏宗祠

《筹办福建厦门大学校附设高等师范学校通告》

《陈嘉庚倡办厦门大学校附设高等师范演说词》（原载《新国民日报》1920年11月30日）

　　陈嘉庚于1919年5月底自新加坡启程回国，经香港抵达广州，参观美国教会设立的岭南大学校园建筑，咨询办学经济开支情况和应该注意事项。6月底回到集美，不久即亲拟并发布《筹办福建厦门大学校附设高等师范学校通告》："专制之积弊未除，共和之建设未备，国民之教育未遍，地方之实业未兴，此四者欲望其各臻完善，非有高等教育专门学识，不足以躐等而达。吾闽僻处海隅，地瘠民贫，莘莘学子，难造高深者。良以远方留学，则费重维艰；省内兴办，而政府难期，长此以往，吾民岂有自由幸福之日耶"，宣告"鄙人久客南洋，志

怀祖国，希图报效，已非一日，不揣冒昧，拟倡办大学校并附设高等师范于厦门"。　7月13日下午3时，陈嘉庚假座厦门浮屿陈氏宗祠，邀请社会各界知名人士300余人召开"特别大会"。他在会上发表演讲，报告筹办厦门大学详情，且表示"财由我辛苦得来，亦当由我慷慨捐出"，当场捐资开办费100万元（建设校舍和购置设备）、经常费300万元，共400万元洋银。陈嘉庚以身作则"希望内地诸君及海外侨胞，负国民之责任，同舟共济，见义勇为"能捐资同办厦大，但尚无人响应。他并不因此受挫气馁，而是广邀中国教育界名流参加策划办校事宜。

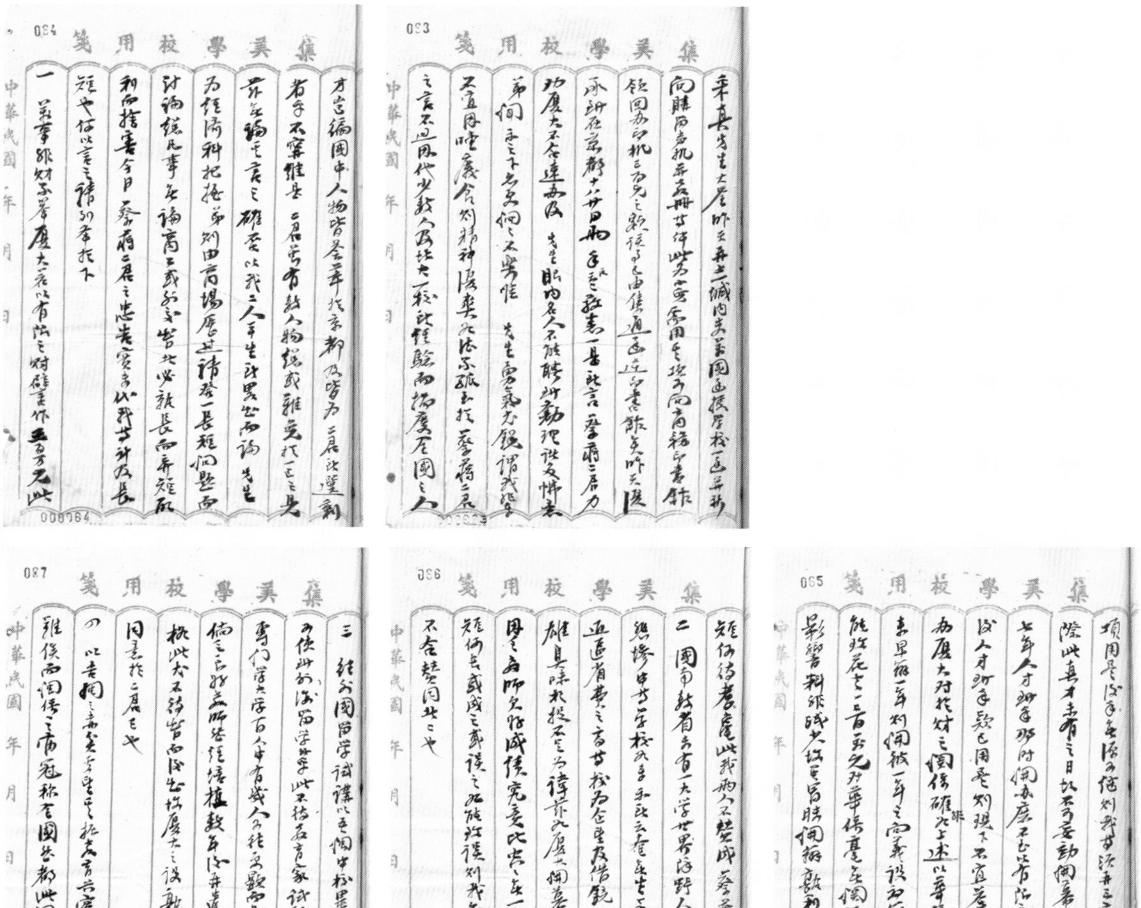

陈嘉庚致叶渊信函（1920年6月27日）

福建厦门大学校之急进

（一）中東路借欵問題、（二）中東路破護路軍取消問題、（三）組設中東路全路警察局問題、交涉結果、容探續誌、

◉福建廈門大學校之急進　▲暫假集美學校開辦　▲今秋先招預科學生

集美陳嘉庚君、倡辦福建廈門大學校、附設高等師範部、校址擇在廈門演武亭、早經測繪事竣、呈請官廳核准、在案、近一月十九日、廈門道署奉省長指令略云、陳紳籌設大學、熱心公益、至堪嘉尚、所請割撥演武亭末段、官地四分之一、以便建築校舍、應准照辦、業由道縣轉知陳君矣、聞陳以大學校舍著手建築、非一年或數月便可竣事、而鑒於世界潮流、及吾閩教育現狀、高級教育、寶有刻不容緩者、若待校舍完成、始行招生、則莘莘學子、不免久勞企望、爰取急進主義、擬於本年秋間、暫假集美學校、先辦大學賢高等師範預科、俟大學校開幕之日、早得本科學生、則所收效果、當較循序進行為易、至大學籌備員、現已推定者爲汪精衛（西南大學籌備員）余日章（中國青年會總幹事）黃炎培（江蘇教育會副會長）三君、黃君於上年夏季來集美學校、磋商改組事、目覩集美學校規模之大、進行之速、均加稱許、對此籌辦大學之舉、尤表贊同、故陳君均延爲籌備員、目下應先聘定之預科教師、已亦籌備員物色矣、

▲倘有要聞及地方通信轉入後頁▼

米　雜　評　一　米

《福建厦门大学校之急进》（《申报》1920年2月10日）

曾任国民政府首任教育总长、1916年出任北京大学校长的蔡元培，对陈嘉庚急于创办厦门大学却持保留态度，主张厦大"不宜速办"，并通过毕业于北京大学时应陈嘉庚之聘任集美学校校长的叶渊"力劝"陈嘉庚。陈嘉庚深思熟虑，"就长而弃短，取利而舍害"，针对蔡元培的"忠告"复信叶渊："凡事创始，要望日后之大成，未有必一举顺序无困难之问题，亦未必有一蹴便臻完善而免改革之苦心"，列出必须立即兴办厦门大学的五条理由与条件：

一、万事非财不举，厦大若以有限之财，譬作三百万元，此项用尽，后手无源可继，则我等须再三审慎，而从二君之言。际此真才未有之日，切不可妄动开幕，须保存此款，以待五七年人才到手，那时开办，庶不至以有限之财，为我尝试，而再后人才到手，款已用尽，则现下不宜举办为是。第是倡办厦大对于财之关系确非如上述，以华侨之富，决可源源而来，早办一年，则开彼一年之向义。设初办几年少有成绩，能致花去一二百万元，对华侨毫无关系，且各校受厦大之影响，料非浅少。故虽冒昧开办，孰利孰害，谁长谁短，何待著龟。此我两人不赞成蔡、蒋之言一也。

二、国南数省未有一大学，世界除野人外，未有若我国之悲惨。中等学校如来示所云，奄无生气，虽属办理不善，亦乏近区省费之高等校为企望及借镜。故彼如鸟之莫辨雌雄，臭味相投，不足为讳。兹如厦大开幕，招来之生，果因乏教师欠好成绩，究竟比空空无一大学，孰优孰劣，何短何长，或成之，或误之，如能致误，则我亦当依二君之劝。否则，不赞同者二也。

系之倒、節在目前、此後建設、純從民治、見有窮廬私與岑陸所訂一切條件、均作無效、特此警告、改造廣西同志會東啓、

◎籌備廈門大學第一次會議紀
▲大學校長舉定鄧萃英　▲開校定期年三月

昨日、廈門大學籌備委員會、假老靶子路菲僑聯合會開第一次會議、出席將校董陳嘉庚、籌備員黃炎培余日章李登輝郭秉文胡敦復（拜代表汪精衛）鄧萃英黃琬、尚有蔡元培葉淵二未到、首由陳嘉庚報告渠捐資倡辦大學之本旨云、余信救國之道、唯一在教育、欲使與僑胞時問祖國、亦唯有教育能之、余資產本無多、決盡數提出、爲辦學用、除已捐集美學校開辦金及基本金約九百餘萬元外、可再籌足四百萬、倡辦廈門大學係余獨力維持、廈門大學、余只負提倡責任、俟開學後、余即親往南洋各埠勸捐、大抵頭一二年內、每年至少可得常費三十餘萬元、鄧來若辦有成績、則來欵將雠窮因年來閩省僑商、捐資數千萬元以上者、大不乏人、渠輩回國興辦社會事業、廈門大學之捐正係有相當機會、

◎教育會聯合會第七次大會紀

助、必不難也、至設科問題、廈門大學中、應先辦何科、請各位代爲設計、惟鄧意間省及南洋各埠、中學教員特別缺乏、大學中必需附設高等師範、開校時期、以速爲妙云、次即開正式籌備員會、衆推鄧萃英培爲主席、提出各種問題、討論約二小時、決議舉鄧萃英爲大學校長、關校時日定民國十年三月中旬、先招學生三班、校舍建築未完竣前、姑借用集美學校新校舍、會議結果、已至下午十句鐘、遂宣告散會、

《籌備廈門大學第一次會議紀》（《申報》1920年11月2日）

廈門大學籌備委員會第一次會議攝影，到會者（照片自右至左）李登輝、胡敦復、郭秉文、陳嘉庚、黃炎培、余日章、鄧萃英、黃琬

三、往国外留学，试讲以吾闽中校毕业生之资格，是否可使到海外留学者乎？此不待教育家试验而后知。虽国内有专门学（专科学校）、大学，百人中有几人可往，显而易见。兹若厦大成立，倘乏良好教师，然经培植，数年后，再遣海外造成，是否合格，此尤不待智者而后知。故厦大之设，孰益孰损，此我之不同意于二君三也。

四、以吾闽之赤贫，要望其振教育，兴实业，何殊于河清之难矣。而闽侨之富冠称全国，然都此间乐不思蜀。兹要望其改易心肠，富于爱国，移其原之财力，为吾闽之将伯，试讲用何方法乃能挽回？窃为舍此高等学校设于厦门外，决难收美满之效果。故不得不急急筹谋，刻不容缓。此不同意于二君者四也。

五、以本校（集美学校）未来之计划，年按添招新生三四百名。需高等大学毕业生二十名。闽中诸中等以上之公私立学校二十余所，就现状而论，虽不敢望如何发达，按中谱一般每校年添三两位教师，共需七八十名，合计已在百名方敷分配。如现下十名尚无门可聘，且现有教师，又多属前清名人，此后若无及早筹谋，则国粹日稀，精神日减，必至无救药之惨痛。此我之不同意于二君者五也。

陈嘉庚坚持自己的"虽试办亦可"的态度，加紧筹办厦门大学。他于1920年10月20日晚燕请教育部参事并兼代教育次长邓萃英、思明县教育局长黄琬，"委托二人为代表赴沪召集厦大筹委会"。10月31日，陈嘉庚"以筹备厦门大学事"乘坐绥阳轮抵达上海，假位于上海老靶子路的华侨联合会召开厦大筹备会第一次会议，"到者陈嘉庚、黄炎培、余日章、胡敦复、郭秉文、李登辉、邓萃英、黄琬"。会上，陈嘉庚报告筹办大学主旨，他说：余之资本无多，除捐集美学校开办金、基本

《申报》刊登招生广告（1921年2月1日）

集美学校即温楼

金九百余万元外，可再筹备百万元倡办厦大。集校系余独力维持，厦大余只负责提倡责任矣。开办后即亲到南洋募捐，大抵头一二年内每年至少可得常费30余万，将来办有成绩款将无穷。因年来闽省侨商挟资数千万元以上者大不乏人，厦大之捐助必不难也。至设科问题应先办何科，请各位设计，唯鄙意闽省及南洋各埠中学教员特别缺乏，大学中必附设高等师范。会议公推黄炎培为主席，大家提出各种问题，讨论了两个小时。第二天，假江苏省教育会续行会议，议决1921年先招商科预科和高师文史地、数理化三个班，校所借集美中学部。大学章程，由郭秉文、邓萃英、黄琬负责起草。陈嘉庚聘"在新加坡原与余相识"

的汪精卫为校长，然不久因其"办政治未暇兼顾"，"来函辞职"，即经黄琬举荐，筹备会推举邓萃英为校长。

陈嘉庚不辞劳苦，筹备两年，用尽苦心，倾资兴办，始有厦门大学开校之一日。1921年2月1日厦门大学在《申报》刊登"商学部、师范部预科招生广告"开始招生，创办后第一学年度共录取新生136人。"时厦大校舍未建，拟假集美校舍开幕"，1921年4月6日，借集美学校新落成的即温楼为校舍，在集美学校大礼堂举行厦门大学开校式。向整个世界发声，中国第一所海外华侨捐资创办的私立大学——厦门大学宣告诞生。4月6日这一天，定为厦门大学校庆纪念日。

厦门大学的校址，陈嘉庚就选定在厦门岛东南五老峰下的演武场。

演武场，即称"演武亭"，历史上这里曾是金戈铁马的军事阵地，演绎着一幕幕悲壮而又伟大的事迹。明嘉靖年间是抗倭将领俞大猷的练兵校场。明末清初，郑成功屯兵厦门，建筑"演武亭"操练陆军，培训水师，成为"据金厦两岛，抗天下师"的反清复明大本营、挥师东渡收复台湾的根据地。入清以后，清廷在演武场故址建"水操亭"，一直是训练军士的校场之所在。嘉庆间闽浙总督玉德率师剿灭"海盗首逆"蔡牵，就是以演武亭作为重要军事出发点的。鸦片战争爆发，当局在演武亭一带加强军事布防，建设"镇北关"和架设铁炮抗英抵御外侮。1842年鸦片战争失败，清政府签订了丧权辱国的《南京条约》，开厦门为"五口通商"口岸之一，厦门作为中国东南的重要商埠一时洋商云集，在演武场圈地造屋建跑马场，赛马赌博。嗣后一些洋商和海关职员又于此改设高尔夫球场，每周

演武亭遗址碑

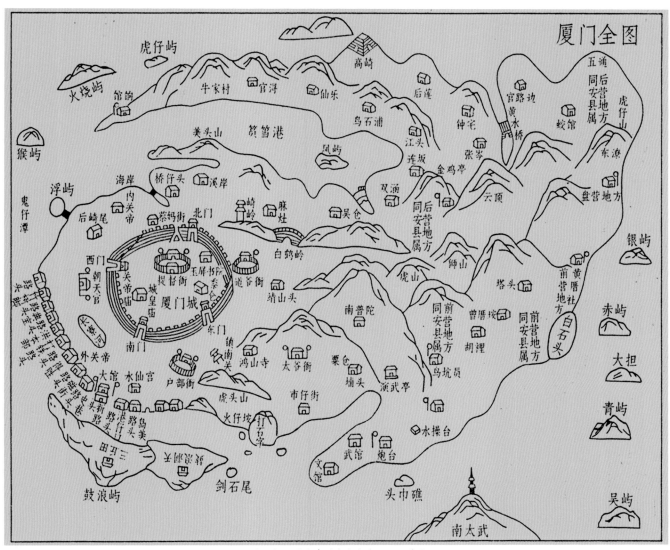

厦门市全图（清道光十九年，1839年）

末举行比赛娱乐。1863年厦门"小刀会"响应洪秀全革命盘踞厦门，亦曾驻军演武亭抵抗清兵。1908年10月间，美国舰队访问厦门，清政府为了敦睦邦交，派皇亲要员到厦门筹备欢迎事宜，在演武场搭盖了一座可容纳数千人的竹棚大会堂和牌楼，并从香港运来发电机供电照明，在这里举行盛大的中美国际交谊大会。不久趋于荒废，至厦门大学建校前，政府"时概已收回"而废置无用。演武场素以崇道尚武见称，故事、遗迹所体现的人文底蕴和历史积淀，使这片土地更显厚重。

厦门镇北关城址

厦门镇北关大路

厦门镇北关遗址

蔡牵碑

"校址问题乃创办首要"，1919年夏，陈嘉庚回到厦门，"行装甫卸"，便"躬亲遍勘各处地点"选择办校地址，发现"以演武场为最适宜"。熟谐风水地理和建筑营造的陈嘉庚，"数次往勘演武亭地势"。五老峰下的演武场，后依千年古刹南普陀，"背山面海，坐北向南，风景秀美，地场广大"，"地界面积约二百余亩，下系沙质，雨季不湿，平坦坚实，细草如毯"，作为校址是为最佳之选择。他认为演武场"西既逼近乡村，南又临海，此两方面已无扩展可能。北虽高山若开辟车路，建师生住宅，可作许多层级由下而上，清爽美观。至于东向方面，虽多阜陵起伏，然地势不高，全面可以建筑，颇为适宜。计西自许家村，东至胡里山炮台，北至五老山，南至海边，统计面积二千余亩，大都为不毛之公共山地，概当归入厦大校界"。他还认为，厦门大学滨海临港，"厦门港阔水深，数万吨巨船出入便利，为我国沿海各省之冠，将来闽省铁路通达，矿产农工各业兴盛，厦门必发展为更繁盛之港埠，为闽赣两省唯一之出口，又如造船厂、修船厂及大小船坞，亦当林立不亚于沿海他省，凡

川走南洋欧美及本国东北洋轮船，出入厦门者概当由厦门大学前经过，至于山海风景之秀美，更毋庸多赘"。陈嘉庚最终做了"校址当以厦门为最宜，而厦门地方尤以演武场附近山麓最佳"的选择。自决定创办厦门大学，在陈嘉庚的胸中就构筑了要将厦门大学办成"生额万众"大校的宏伟规划与蓝图，因此，对校址的选择深谋远虑，注重从优良的地理环境和有利于长远发展来考量。

选择演武场作为厦门大学校址，因"该地为政府公产"，须向省府申请批拨实行。陈嘉庚即北上福州，由厦门道尹陈培锟引见福建督军李厚基，请求拨出业已荒废的演武场为厦门大学建校用地。这块荒地由此身价十倍，虽然不敢公开以卖官地来比照价格，但李厚基要求陈嘉庚买省公债（当时尚未发行省公债）4万元，才能给予地照。陈嘉庚便向归国富侨黄姓等人募捐报送，但李厚基仍不肯答应，一定他个人捐买方可算数，陈嘉庚不得已只好再从厦大建筑费项目下拨出2万元买公债。耗费6个月的时间，于1920年1月30日接"道尹转来省长批准演武场公函"，并在1920年3月14日获得许可颁给了地照，即"厦门大学校址执照"。

1908年的演武场

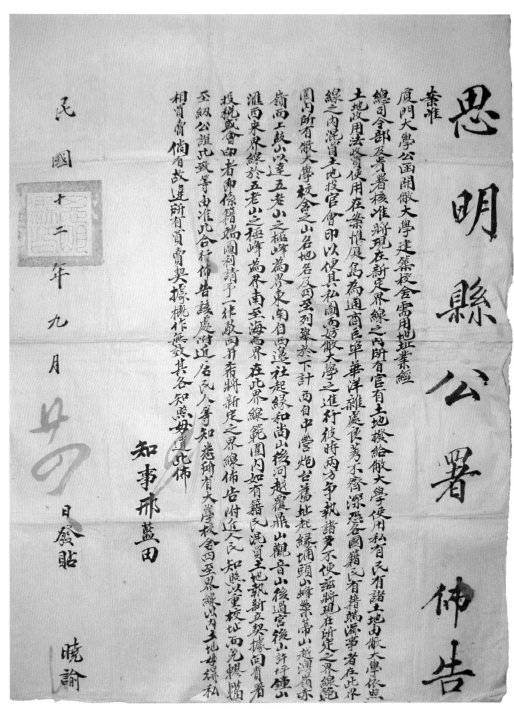

思明縣公署 佈告

案准

厦門大學公函開厦大學建築校舍需用地基業經

總司令部及貴署核准將現在新定界線之內所有官有土地撥給厦大學使用依照

土地政使用法投員使用在案惟厦為為通商巨埠華洋雜處良莠不齊深恐各國籍民有藉端滋事者此界

線之內混買土地投官會印以便其私圖而妨厦大學之進行彼時兩方爭執諸費不便茲將現在所定之界線範

圍內所有厦大學校舍之山名地名及西至列舉於下計西自中營炮台橋北起緣埔頭小蜂營带山越浦前赤

嶺而上歐仔以達五老山之極峰為界東南自可邊社起緣和尚山楼河越霞鼎山觀音山後小許坪鍾山

淮西來界線於五老山之極峰為界南至海為界在此界線範圍內如有籍民混買土地新立契據向省

投稅戤會印者即係籍端圖詞亦一槩歐同并着將新定之界線佈告附近人民知照以重校址西克暢贈私

至級公祖此致等由淮此合行佈告着該處附近居民人等知照斯有大學校舍四至界線以內土地毋得私

相買賣倘有故違斯有買賣契據概作無效其各知照毋違此佈

知事 邢藍田

民國十二年九月 廿 日發貼

曉諭

思明县公署布告

由于"政府未肯给全场地址"，只"向政府请求拨演武场四分之一为校址"。至1923年，"业经总司令部及思明县公署校准"，对厦门大学建筑校舍需用地址，做了新的四至界线划定："计西自中营炮台旧址起，缘埔头山、蜂巢蒂山，越澳岭、赤岭而上鼓山，以达五老山之极峰为界；东南自西边社起，缘和尚山后河，越覆鼎山、观音山后，过宫后山、许坪钟山，汇西来界线于五老山之极峰为界；南至海为界"。在新定界线之内所有官有土地拨给厦门大学，私有民有诸土地则由厦门大学依照土地收用法收买使用。例如：在1921年、1922年开建群贤楼等时，以"大银柒拾元正"向澳仔桥头社陈某某购置"在演武场边"的"承祖父建置物业水田壹坵"（今同安楼基址）；以"大银伍拾捌元正"向过溪仔李某某购置"坐落演武亭右畔"的"承祖父建置物业水田

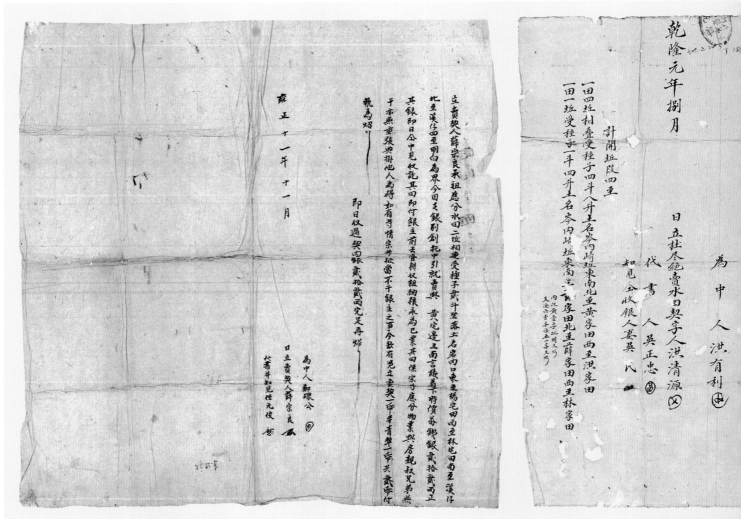

学校保存最早的地契（雍正十一年十一月，1733年）　　　　　　　　　　　厦门大学购置地

壹坵"（今映雪楼基址）；"因大学起盖缺地凑成"，以"银壹佰元正"向李某某购置"坐在演武场右畔"的"承父祖管得有水田壹段"（今囊萤楼基址）。又如1923年建设笃行楼，以"大银陆佰叁拾叁元"购置由黄某某"为在厦门大学界线范围内，故此让出此地所有权与厦门大学为建筑校舍之用"的"院屿保东边社口旷地壹所"；建设兼爱楼，以"叁拾大元正银"向王某某购置"坐落院屿保土名演武亭后"的"承祖父遗下水田壹坵"（原笃行楼、兼爱楼即今芙蓉第二楼基址）；以"大银伍拾元正"向郑某购置"址在东边社"的"因倒塌乏项起盖，愿将此厝地买过与厦门大学"的"屋基厝地壹块"；1927年元月，因"开筑水池"，以"大银壹仟玖佰陆拾肆元正"向许某购置"院屿堡东边山后土名岑内"的"水田共计伍拾捌坵"等。

...年捌月，1736年）　　　　　　　　　　厦门大学购置地产契约（同治十二年九月，1873年）

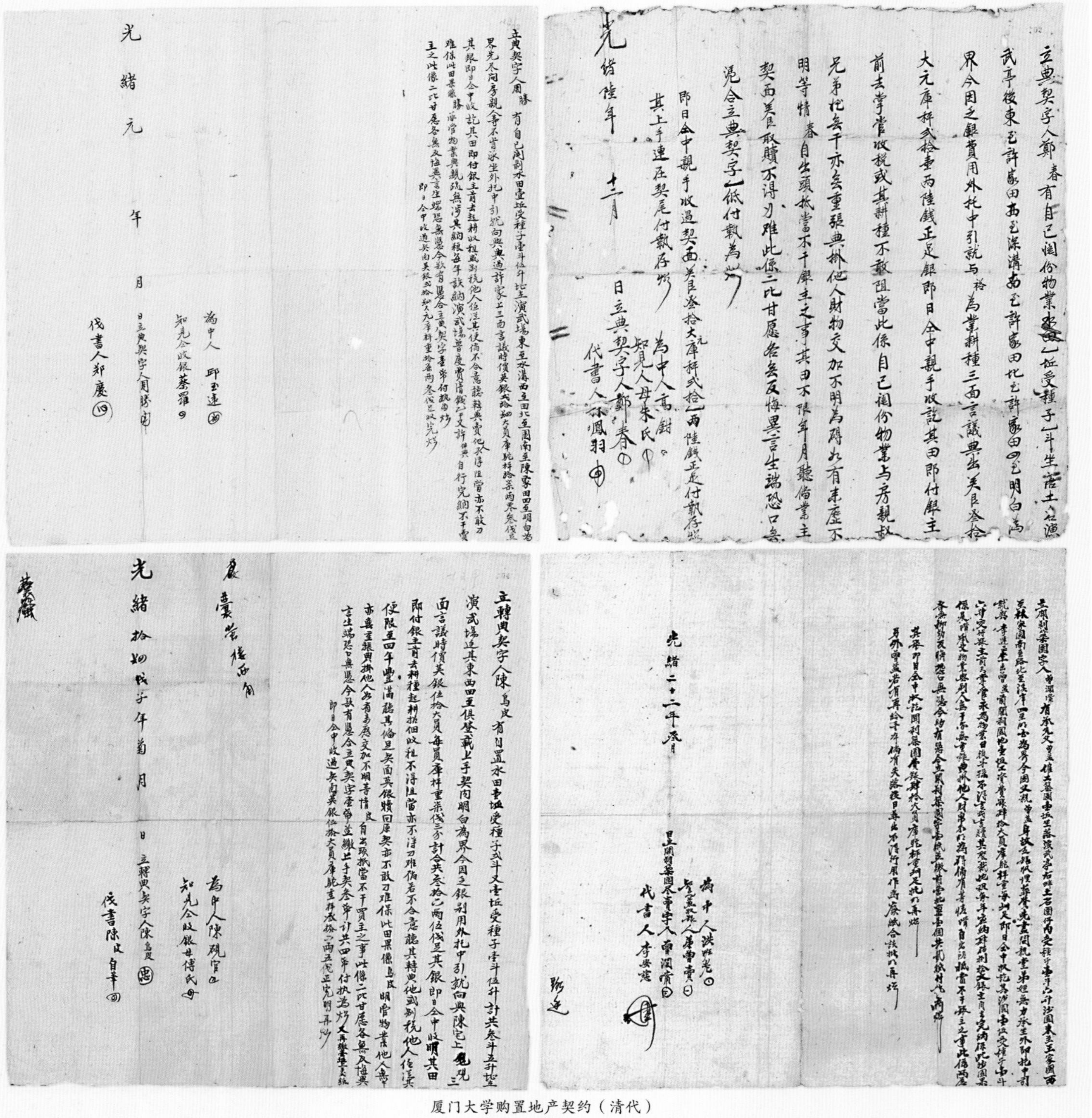

厦门大学购置地产契约（清代）

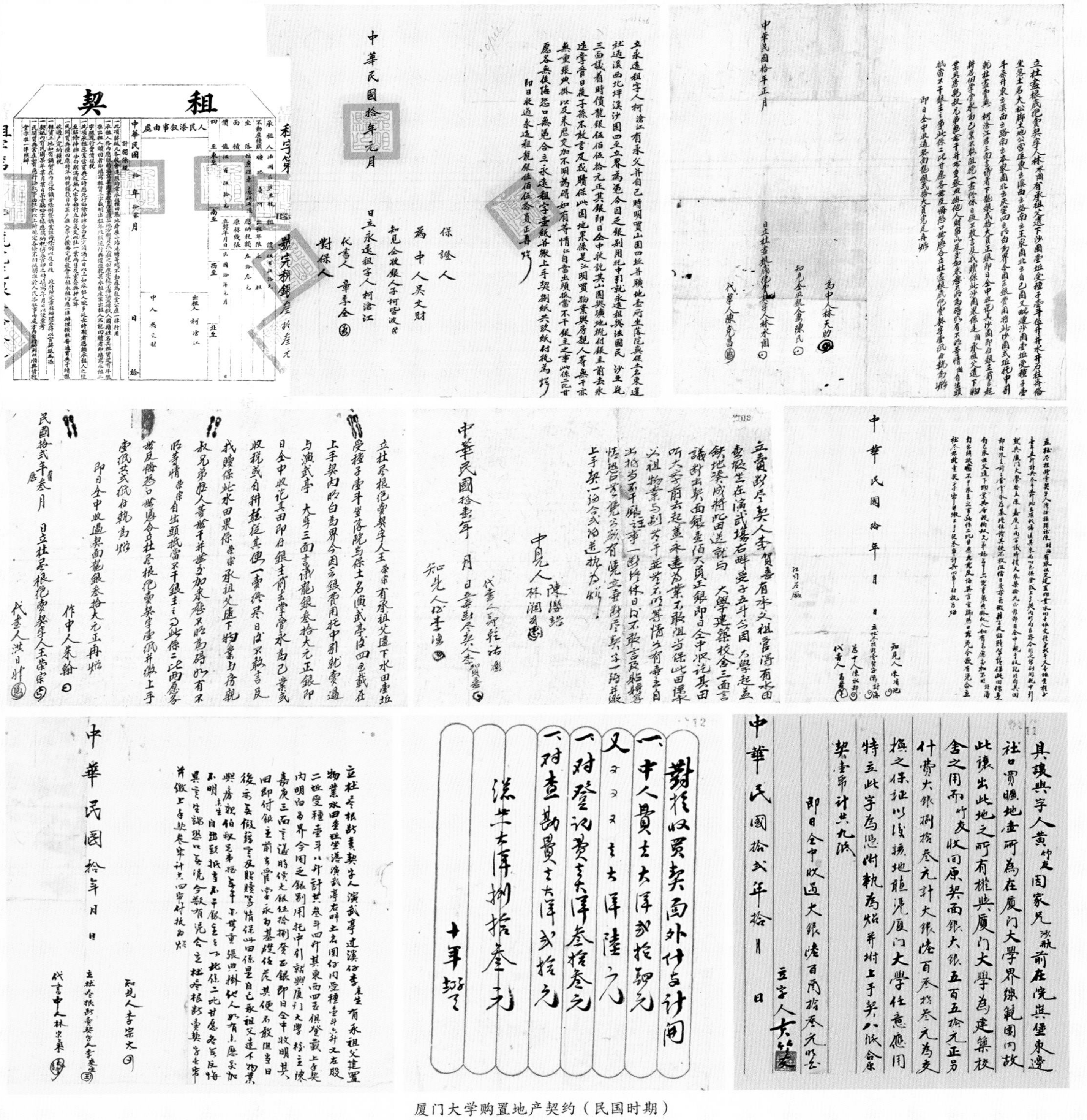

厦门大学购置地产契约（民国时期）

然而，厦门岛为通商巨埠，华洋杂处，良莠不齐，各国籍民有借端滋事者，在校址界内混买土地，投官会印，以便其私图，而妨碍厦门大学之建设。因此，特别函请思明县公署核定校址界线范围，并要求"在此界线范围内，如有籍民混买土地，执新立契据向贵署投税或会印者，即系籍端图利，请于一律驳回，并希将新定之界线布告附近人民知照"。1923年9月，思明县公署发布了"所有大学校舍四至界线以内土地毋得私相买卖，倘有故违，所有买卖契据，概作无效"的公告。

校址界内，"公私坟墓密如鱼鳞"，取石、迁坟遇到了极大的阻力。群贤楼奠基，陈嘉庚命石工开取附近坟墓石块作建筑材料，"墓主多人来交涉，谓该石风水天成，各有名称"，不让开采，经"婉言解释，至不得已则暂停工以顺其意，迨彼去后立再动工，因石众多，两三天大半都以破坏，虽再来交涉亦莫可如何，怏然回去"。数月后再建其他校舍，"不得不迁移坟墓为屋址"，即在厦门登各日报，规定津贴迁移费，限自迁或代迁，且另处买地备作移葬地位。同时致书"请官方出一通告"，10月，思明县公署又一次就"厦门大学收用附近土地建筑校舍一案"布告："各该业户人等，务各遵限前向具领地价，将坟迁移别葬，交付起盖，倘敢再延，定即派队协同厦门大学代为迁移，其各懔遵毋违。"其间在界内迁移坟墓达4万余座（含湖南会馆丛冢），保证了校舍的顺利建设。

　　陈嘉庚高瞻远瞩，对于择址演武场，他说："教育事业原无止境，以吾闽及南洋华侨人民之众，将来发展无量，百年树人基业伟大更不待言，故校界划定须费远虑。"从一开始的"政府既许拨演武场四分之一为大学校址"的60余亩用地，到西起中营炮台旧址、北达五老山之极峰、东至西边社、南以大海为界的广袤2000余亩的厦门大学校园四至法定范围，正是陈嘉庚坚持"大学地址必须广大，备以后之扩充"的信念，经过三年的苦心着力经营而实现的。这为厦门大学之后的发展奠定了基础。

厦门大学校址选定演武场，校园的规划建设提上了议事日程。

早在陈嘉庚于1919年回国途经香港时，曾"请英国工程师计划建设，英工程师寄函加拿大请图式，迄未寄来"。后来则由首任校长邓萃英介绍纽约茂旦洋行负责校园的规划和建筑工程事宜。纽约茂旦洋行是美国商人在上海开办的一家主要经营中国建筑设计绘图和承包建筑工程等的公司。厦门大学的

规划与建筑，陈嘉庚亲自指定地界"北起五老山一带的山峰，南临海岸沙线，西至下澳仔村，东迄胡里山炮台"，由美国建筑师墨菲主导勘测设计，至1921年"新历三月已绘就"。1921年4月6日的厦门大学成立大会时，提交了《厦门大学平面全图》、《厦门大学全部高眺图》和群贤楼等建筑设计图纸，并要设计费1500美元和全部建筑工程承包费1500余万美元，建筑校舍工期为两年。

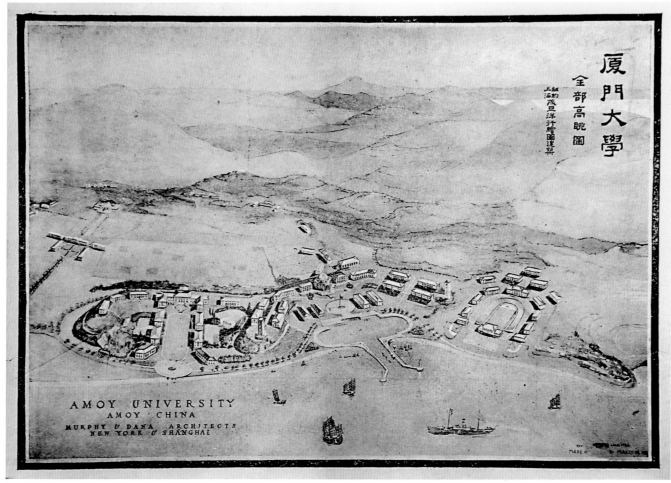

厦门大学全部高眺图

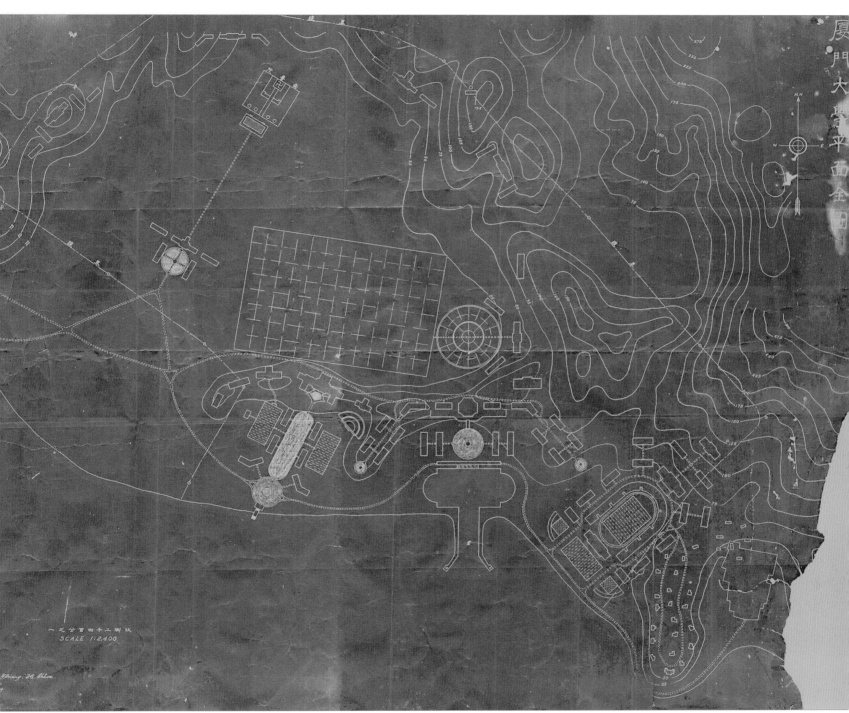

厦门大学平面全图

陈嘉庚仔细审阅墨菲的设计图纸后，以"建筑校舍至少须两年，待至两年始行开校未免太迟"，又以茂旦洋行的承包建筑费数目之巨，"较之于他宣布时开办费只有100万元相差甚大"，即表示要采取自己购料雇工的办法，而"不肯给茂旦洋行承包建筑"。与此同时，他虽然如约付给茂旦洋行巨额设计费，但对其设计方案，提出了变更主张。

墨菲的设计方案是将校区分为三局：第一局，在演武场西侧，建五座两层楼，自五老峰尖沿南普陀寺中轴线而下的位置分布，其中三座向南直线排列，另两座东西对向位于主楼前之左右，以加强对称性。在其东北部，设计为一大圆形的农事试验场。第二局，沿崎头山、李厝山及白城一带，就山势建七座大楼呈半月形环列，俯瞰乌空圆（今上弦场）。主楼大礼堂之前，即在乌空圆中部建六座宿舍楼，分两排三组对称排列，中间夹以400米椭圆形跑道的运动场。第三局，白城东沿五老峰南麓至胡里山炮台，建筑25座楼房作重叠式半月形，中间的主楼为全校大礼堂，后排12座为宿舍型楼房，前排12座为教室型带骑楼的楼房，滨海设海水湾港以通航汽船，亦有部分作游泳池。

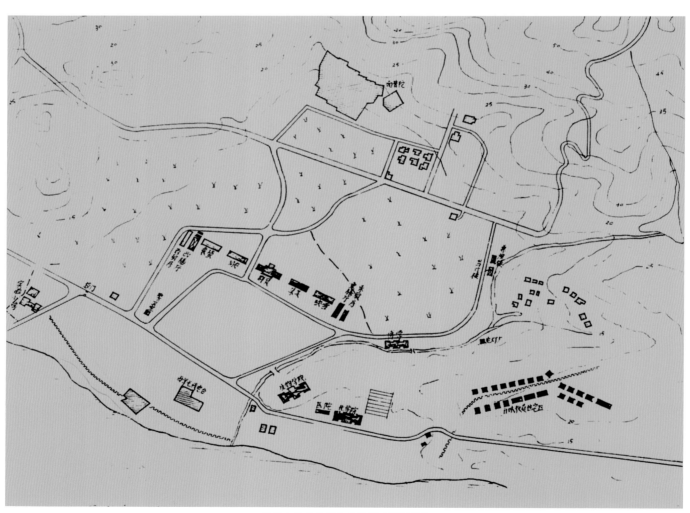

厦门大学主要校舍平面图（1937年）

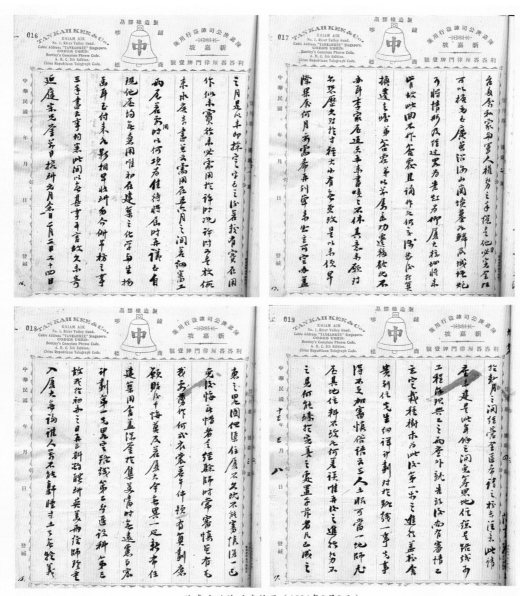

陈嘉庚致陈延庭信函（1924年3月8日）

陈嘉庚对这样的规划设计很不满意，没有采纳美国建筑师墨菲的方案，强调对于厦大校址，要"慎重计划"：第一，先略定路线；第二，分区设科；第三，建筑用舍，而且"对于路线一事，先事立定栽种树木，为此后第一步之进行"。他总结过去建设集美学校的经验，于1924年3月8日致信陈延庭，指出"盖深鉴于集美当时无远虑与宏愿，贻后千悔莫及。若厦大今无异一匹新布，任我要剪作何式衣裳若干件，预有算划，庶免后悔"。有了集美学校校舍建造的前车之鉴，"势不得不更加审慎"，陈嘉庚"再三斟酌"，在调整墨菲初始设计方案的基础上，对厦门大学的校园建筑重新作出规划。

第一局，陈嘉庚在《演武场校址之经营》中谈到墨菲的设计："其图式每三座做品字形，谓必须如此方不失美观，极力如是主张。然余则不赞成品字形校舍，以其多占演武场地位，妨碍将来运动会或纪念日大会之用，故将图中品字形改为一字形。"对墨菲第一局规划设计方案做如此修正，自有他的道理："夫毛惠绘师之'品'字形者，亦有一种美术，若今日改横为纵，则'品'字反背矣。盖屋前左右各一座乃毛惠之绘式，而非屋后亦可左右两座也。美术既不成，方向又失利，缘西照最烈，失南风之益，故不敢赞同之理由。"

将墨菲设计的第一局演武场五座建筑由"品"字形改为"一"字形布局，地址移到演武场北部的中点，楼群前留出充裕的地块建造学校配套的运动场。1921年5月9日，陈嘉庚特别选在1915年袁世凯与日本签订《民四条约》的"国耻日"这一天以示不忘国耻，邀同校长邓萃英和教职员率全体学生来演武场为第一局的中座主楼群贤楼的开工举行奠基典礼，开始了群贤楼与同安、集美、映雪、囊萤楼的"一主四从"建筑群建设。

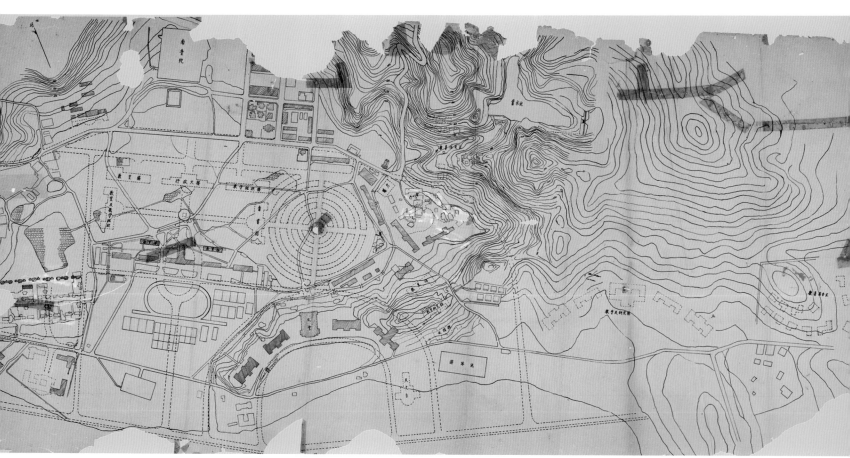

厦门大学规划图（1950年）

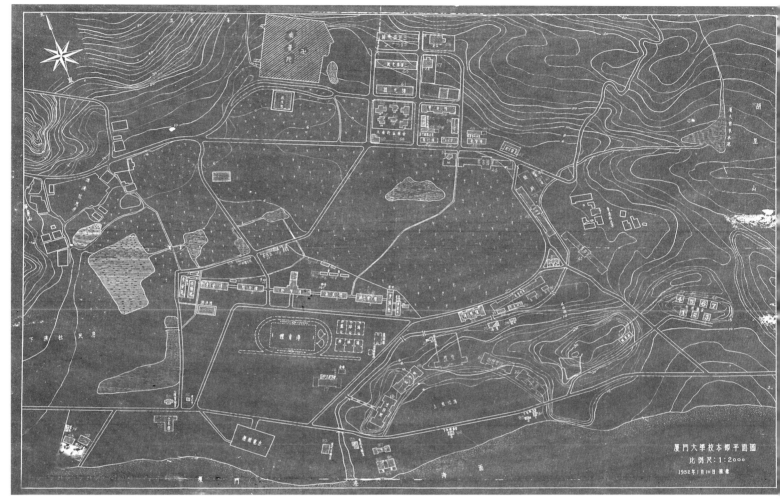

厦门大学校本部平面图（1952年）

第二局，是在20世纪50年代规划建设的，较大地改变了墨菲的设计方案。首先将在崎头山东麓至白城山西麓的半月形山带上的七座大楼改为五座，取消主楼前乌空圆中部原六座宿舍楼的建设辟为广场。形成今建南大会堂和南安、南光、成智、成义楼的"一主四从"楼群向南面海半月状环绕上弦场的布局，"这是变更原计划图第二局的改进建筑"。

其次，原规划在乌空圆的宿舍楼，布置在了东边溪（贯穿厦门大学校园的一条水道，今即自自来水池而下，流经凌云三楼、华侨之家、芙蓉第二楼与芙蓉第四楼之间，沿芙蓉第一楼后、博学楼左、成义楼前，过大学路，由海洋楼右入海，后称东大沟，盖板是20世纪80年代末才铺设的）两旁附近的空地建设，"围绕水田配境"，就是今环芙蓉湖而筑的芙蓉第一、第二、第三、第四楼和博学楼。

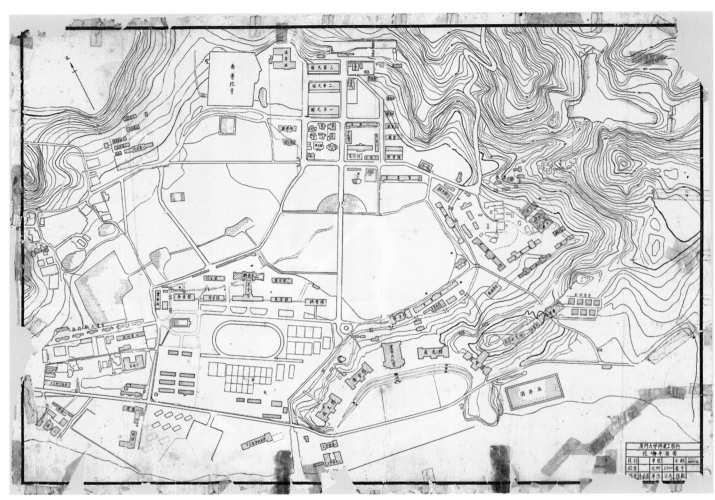

厦门大学校境平面图（1957年）

第三局，墨菲在白城东沿五老峰南麓至胡里山炮台所规划的建筑组团，除中央有一座大会堂外，主要是学生宿舍和教授住宅区。由于宿舍和住宅离教学、研究、实验等区域较远，而且与"国防线上的胡里山炮台相迫近"，因此，将全部建筑物改移在大南新村之东和大南新村背后的山坡地，分别建造了女生宿舍丰庭第一楼、教职员宿舍丰庭第二楼，以及作为有眷属教授住宅的国光第一、第二、第三楼。

陈嘉庚主持的厦门大学校园规划设计，依据三面环山，一面向海的自然地理形势，做了三个建筑组团的布置：以演武场为重心建设群贤楼群，形成北依五老峰，背靠南普陀，隔海与南太武山相对的中轴线；以崎头山

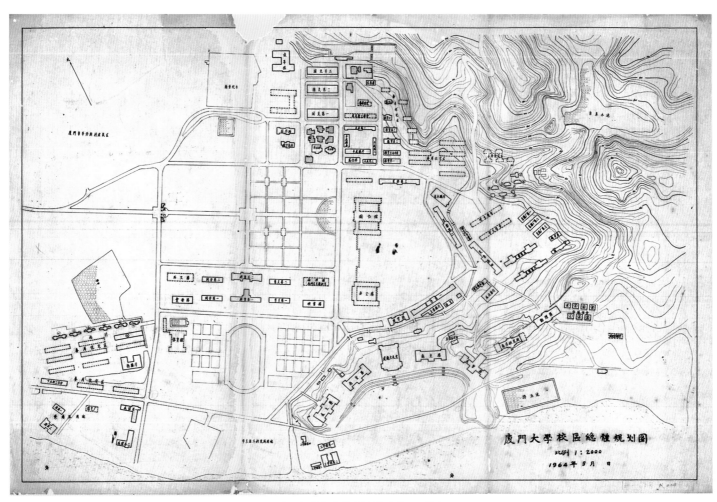

厦门大学校区总体规划图（1964年）

自东而西向南环绕乌空圆的地形加以改造，建南楼群凭借地势居高建筑，临海留有空旷开阔的场地，使其整体彰显巨大的空间向心感；以低洼水田（今芙蓉湖）为中心，环沙岸布局，借景建筑，形成传统中国园林自由活泼而又不失精心构思的良好对景关系。

整体校园建筑规划的格局，基本上以三组主要建筑线性展开，依山傍海，就势而造，利用原有的地形地貌布置，与自然环境互为依存，构成既自成体系而又有机结合的空间性与场所感，充分体现了陈嘉庚朴素的风水观念、因地制宜尊重自然的生态意识，以及"能与世界各大学相颉颃"的宏愿。

教学科研用房
学生宿舍
教工宿舍
附属用房
绿地
运动场地
水体

厦门大学西校门

厦门大学本部校区总平面图（2009年）

陈嘉庚决意倡办厦门大学，认捐开办费一百万元和经常费三百万元，"并拟于开办两年后，略具规模时，即向南洋富侨募捐巨款，窃度闽侨在南洋资财千万元，及数百万元者有许多人，至于数十万者更屈指难数，欲募数百万元基金，或年募三几十万元资金，料无难事"，出乎所料的是，数次向富侨劝捐，则"到处碰壁"。尽管"募捐理想之失败"，而陈嘉庚依然"抱定宗旨"独当其任，乃至"毁家兴学"，正如黄炎培所赞叹的"发了财的人，而肯全拿出来的，只有陈先生一人"。

正值借集美学校举办厦门大学开校式之际，"当筹备委员会公聘时契约声明须辞去教育部职务然彼未有辞卸"的邓萃英校长，也因他拟将校舍工程全部交由上海茂旦洋行承包建筑，以及要求将厦大开办费和经常费全额提交学校管理并拟拨其款项用来到东北购地经营牟利的想法，与校主的办学计划相悖而遭到拒绝时，"于近日甫到"，在"开幕后即将北返"，接着"来函辞职"。陈嘉庚不得不采取"余亦不留"而"即电新加坡请林君文庆担任校长"。这位当年陈嘉庚的挚友、被誉为海外最杰出的华人知识分子之一的林文庆博士，义无反顾地携眷归国，出掌厦大，开启了厦门大学创校办学"止于至善"的建设与发展历程。

1921年5月9日，被陈嘉庚称为"开基厝"的群贤楼群奠基，拉开了厦门大学"嘉庚建筑"大规模动土兴工的序幕。厦门大学"嘉庚建筑"分为两期，前期即1921至1926年开校伊始的五

林文庆校长（1869-1957年）

年，后期即1950至1955年，陈嘉庚归国对厦门大学继续投入的五年建设。

演武场奠基仪式后，按照陈嘉庚的设计方案，厦门大学的第一批校舍五座大楼在演武场上"一"字形排列开始兴修。首先动工的是位于最东端的映雪楼，为了赶在第二年新学期开学前学生能搬来演武场校舍上课，陈嘉庚每天亲临工地监督施工。经过近10个月的建造，1922年2月映雪楼及附属生活用房如期告竣，全体教职员及学生从集美迁入厦门演武场新校舍。

校园建"文庆亭"塑像纪念林文庆校长

陈嘉庚致林文庆筹办群贤楼奠基的信函（1921年4月22日）

陈延庭（右二）与陈嘉庚合影（1951年于北京）

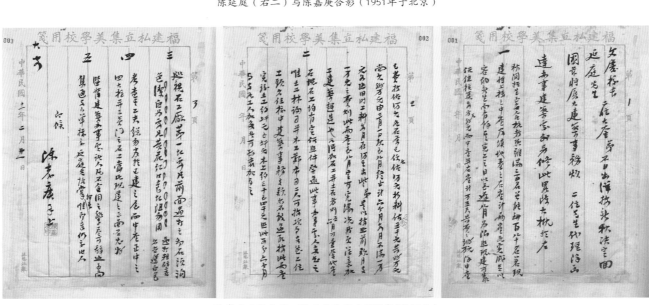

陈嘉庚致林文庆、陈延庭信函（1922年2月21日）

林文庆校长陪校主陈嘉庚及新加坡华侨林义顺等视察建设中的厦门大学，在映雪楼东侧门前留影（1921年）

映雪楼建筑纪年石刻

映雪楼

群贤楼奠基石碑

中華民國十年五月九日厦門大學校舍開工陳嘉庚奠基題

群贤楼

群贤楼背景（1930年代初）

　　3月20日，陈嘉庚虽赴新加坡主理商务，仍时刻操心演武场上的工程进展，对于集美楼和同安楼、群贤楼的建设，为便"容纳新生"，要求"其完工之日，以至迟八月为限"。正当三座楼工程紧锣密鼓地进行时，陈嘉庚又自新加坡来信提出修改群贤、集美、同安楼的建筑方案："要把群贤、同安、集美三座楼的屋盖，概用绿玻璃瓦按照中国传统建筑艺术来粉饰，而群贤要建成三层楼，在最高的一层要采用中国传统的宫殿式建筑。"

　　然而，由于临时的这一变更，"地基方面未经提前确定"，"兼缺北面一堵墙来承担宫殿式的一面的负荷，且后面有半圆拱式的砖棚的出水问题"，因此，只有大胆采用"30厘米的工字铁包以水泥混凝土的Π式灰通，来负荷四柱和北墙出水的重量"，以加强建筑结构的强度。集美楼和群贤楼、同安楼相继于1922年的5月和7月落成。集美楼用作图书馆，同安楼为教室，群贤楼是学校礼堂和总办公的地方。

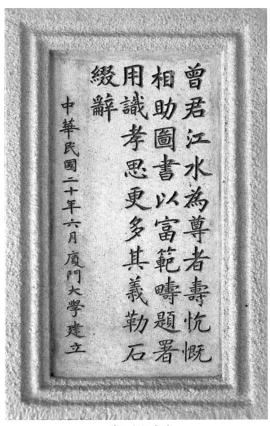

曾江水捐资碑

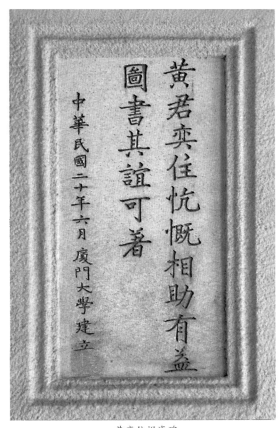

黄奕住捐资碑

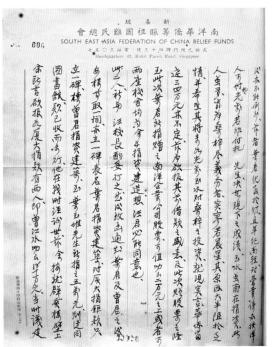

陈嘉庚致陈村牧酌请汪校长为捐款者
曾江水和叶玉堆立碑信函（1947年1月21日）

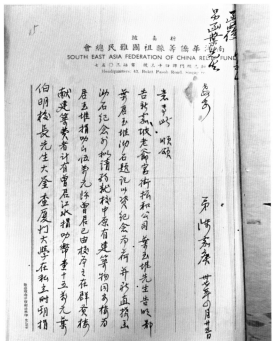

陈嘉庚致汪德耀在同安楼为捐献建筑赞者
叶玉堆"勒石题记以资纪念"信函（1948年4月25日）

位在最西端的囊萤楼，延至12月底才建好。按原来的设计，囊萤楼与映雪楼一样为西式建筑，"屋面跨度太大，屋架升水过高，徒费工料，且无实用"，于是在建时将两侧及北面墙增高1米成为三层楼，加盖配上带尖形的石窗的16间宿舍，前面铺设红砖辟为宽大的阳台。陈嘉庚对这一做法很感满意，1923年11月25日来信，"映雪楼新年放假时，宜叠加如囊萤楼"，可为"新秋添生"增加数十位学生宿舍。次年暑假期间，映雪楼做了相应的改造。至此，圆满完成了第一局校舍的建设计划。

以群贤楼为主的"一主四从"建筑楼群，中间的群贤、集美、同安三座楼为绿色琉璃瓦屋面、白色花岗岩屋身的中式，两端的映雪、囊萤两座楼为红瓦白墙的西洋式，楼与楼之间四条"中式"廊道把五座大楼连成一体。另外，在五座楼的东边和西边的对称地位，分别建造了厨房、餐厅和浴室。"五楼廊宇相连，其直如矢，值其前者为体育场"。一字排开横跨348米的群贤楼群前方，留出了充裕的场地建造有400米跑道、足球场、篮球场、排球场、网球场、游泳池，以及田径和健身操设备等。厦门大学"运动场系新近正式建筑"，"规模宏大，设备齐全"，当时的许多重大赛事如"厦门中等以上学校联合运动会"、"闽南联合运动会"，以及为参加全国预选运动会及远东运动会做选拔的"闽南公开运动会"等，都在这里举办。

1923年4月，学校评议会决定改学部为科。为适应增设学科，以及因本科教学而多方延揽教师的需要，于本年度的7、8月间建成了教职员宿舍博学楼和教职员眷属住宅兼爱楼。开校第二年招收女生二名，是为厦门大学男女同校之始，随着生源的增加，女生宿舍笃行楼亦于1924年2月完工。为巩固建于沙岸上的这几座建筑物，"自映雪楼后起至兼爱楼之西北端止，围水田为半月的沙滩（今芙蓉湖范围），筑成长600米和高3米的白条石长堤"以防止沙崩。条石长堤的砌筑，也为这一带后来的建筑打下了坚实的基础。

同安楼、囊萤楼

群贤楼群全景

1923年春季，向美国进口一大批价值十余万元的物理、化学及生物学等重要实验仪器设备，即将于暑假期间运抵学校。因此，"理学院诸教授，再提出赶紧建筑化学院和物理学院"。两座大楼的建筑设计，曾邀请福州协和大学的美籍教授函托美国专门建筑大学校舍的建筑公司设计绘图，但由于"条件过高，时间迁延，且设计的草图不合校情，因而停止"。陈嘉庚来信认为，"观其所绘之草图，亦属平常，其间格虽代我变更，恐未必能符我用也"，提出"至于洋工程师如聘未成，我急于兴工者，可将校中之意及参考付上之图兴工为是"。尔后自主设计的"融合教学、试验、贮藏、研究、陈列等合而为一院"的理化楼和生物楼，于1925年4月和同年9月落成投入使用。这一年，还完成了位在白城山脊左右的七座供带眷属教授住宿的二层楼房和21座教职员宿舍的建设。

建在演武场左小山上的理化院，以及与之比邻的生物院两座西式大楼，石木结构，工字铁包水泥混凝土为横梁，内廊式红瓦斜屋面，白色花岗岩外墙。理化院三层，北面及两端围屋，南面中间为露台，生物院四层，南面及两端围屋，北面中间为露台，各部屋面多向倒水，厚重中不失活泼。中间突出部位门廊的结构处理颇具匠心，理化院廊沿以四根白色花岗岩巨柱直通至顶，生物院采用下圆拱上圆柱结合的形式，凝重而又大方。整座建筑坚固实用、通风采光，是陈嘉庚博采众长，充分发挥西式建筑空间设计手法的一个很好范例。值得提及的是生物院北面门廊外顺山势而下砌筑了一道40级多间歇平台的大石阶跨过东边溪连接演武场，使这座"位最高势最峻者"号称全校最大的建筑更显巍峨壮观。生物院和理化院的建设，给当时以"特别注重自然科学研究"办学特色著称、以"理科特长"而闻名的厦门大学，增添了不少光彩！

1922年陈嘉庚出洋，将"厦大建筑事务"交由林文庆校长和庶务主任陈延庭"代理"，陈延庭则担任建筑部主任，"主要侧重于建筑方面的备材施工为多"。1924、1925两年，林文庆兼任学校建筑委员会主席，英国爱丁堡大学理科学士、土木工程师田渊添任建筑部主任，至1927年9月"改组建筑部"。这一时期，陈嘉庚在新加坡，仍通过大批的往来信函，对校舍规划建设的设计图式、施工工期、价值核算、用料采购乃至工匠工资等都及时作出指导和交流意见。

群贤楼群前运动场全景

群贤楼群背景

群贤楼群背面全景（1926年）

理化院（化学院）前景

理化院（化学院）背景

生物院全景

生物院背景

生物院石阶

兼愛樓
教職員宿舍

大學

廈門 篤行樓 女生宿舍

白城山教职员住宅全景

白城山教授养属住宅

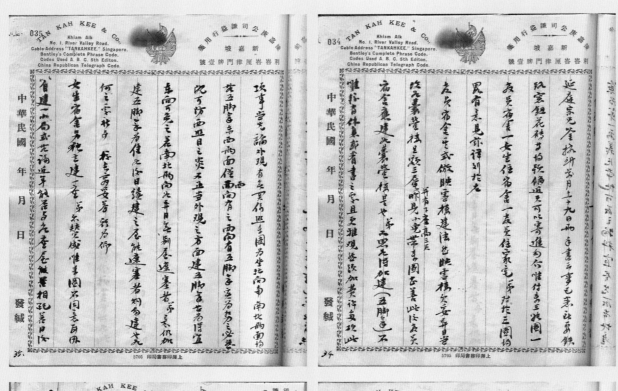

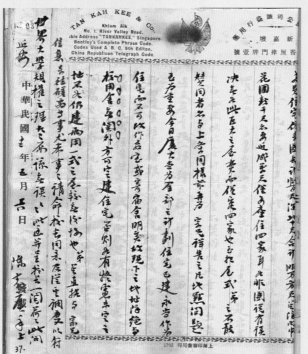

陈嘉庚致陈延庭信函（1923年5月6日）

博学楼（1923年）

博学楼（1926年）

校园全景（1926年）

厦门大学的五年建设，"计开支一百五十余万元"。学校建筑物一座座地兴起，学院一个个地建立，校舍轩敞，规模宏大，"为国内大学所仅见"，各地青年学生"向本校请愿求学者络绎不绝"，大学之声誉"已达顶点"。1921年到1925年，正是陈嘉庚"所营商务颇形发达"，公司发展的鼎盛时期，经济上的巨利收获促使陈嘉庚"扩充学校经费"，在厦门大学更大力度的投入，"大兴土木，增建校舍"。然而，到了1926年以后，世界经济走向衰退，橡胶市场受到日本产品的强烈挤压，使几乎全力经营橡胶业的陈嘉庚遭到惨重的打击，公司每况愈下。陈嘉庚"资本实力已丧失殆尽"，再也无法给厦门大学提供足够的经费了，校舍不再续建，即如"填基已有一半的高度"的物理学院，也停止了建筑。陈嘉庚实业经营的失

败，亦让厦门大学陷入困境。然而，尽管1934年2月21日宣布公司收盘，仍抱定"手创厦大、集美设法不至关门"的办学决心，陈嘉庚乃于1934年3月1日出资38500元与陈同福等人合资在怡保成立"义成公司"，规定将公司获利的三成用于补助厦门大学和集美学校经费。1937年6月，考虑到"厦集两校虽可维持现状，然无进展希望"，为"免误及青年"，陈嘉庚"出于万不得已之下策，乃修书闽省主席及南京教育部长告以自愿无条件将厦门大学改为国立"。

1937年7月1日，厦门大学正式由私立改为国立。这一年，爆发了"七七卢沟桥事变"，日本军队为占领中国发动了全面的侵华战争。地处海防最前线的厦门大学于1937年底举校迁往闽西长汀继续办学，由"受命于危难之时"的萨本栋校长主持校政，"厦大得以弦诵不辍"。

群贤楼群侧景

陈村牧与陈嘉庚合影（1950年代）

陳嘉庚啓事

新加坡陳嘉庚有限公司係自
民國二十年改組成立股份雖爲余
佔大多數然於華洋銀行及其他個人
亦有參加際兹數年適逢世界大不景氣來臨損失
之鉅勢所難免致不得已於本年春間開股東會議
自勸收盤所有市上短則照有限公司規律結束
與各股東俱無關係诚尤與余個人更無關係乃者
外間竟有謠言『廈門大學與集美學校須停閉』
實乃好事之徒妄加揣摇究事實廈集兩校自可
維持稍無影響凡我兩校員生尤當堅苦自勵振興
我民族之文化勿爲謠言所惑特此佈聞

二十三年七月十六日

《陈嘉庚启示》（《集美周刊》第15卷第16期，1934年7月16日）

部樂俱軒和怡處訊通箋用庚嘉陳坡嘉新

Tan Kah Kee, Ee Hoe Hean Club.
43, Bukit Pasoh Road,
SINGAPORE.

029

别勞苦言竟可爲我軍南及集校致力也 希再列敦之於众
諸君近似一面諸 先生注意調查一面向建廳或求庶之
於會憲是近來優不計晚景之者此而頻居提綱之責究竟
軍南之事業捨我伊誰況集美學校將來之進展更不能已
勞伐民族優與破折過度建設方指旁抱軍僑之投資振興
科：寇侵畏界不得已留洋稍盡一修子職責之餘而復愛我
不至實內别他夢求愈多年圖梓居佳势月以終矣亦不
舍自公司收盤以抱定以餘生勞苦將來創之廈大集美設法

29.

陈嘉庚致陈村牧信函（1938年5月2日）

教育部 訓令

令國立廈門大學

中華民

行政院二十七年七月七日漢字第三。

案奉

「茲准國民政府文官處函漢字第一七九五號

開『逕啟者奉　國民政府二十七年六月二十八日令

開「國立廈門大學前由陳嘉庚陳敬賢林文慶

捐資創建林文慶並親任校長十餘年來同心

協力慘淡經營用能成就多材規模大備乃自

抗戰軍興暴敵恣意摧殘我國教育文化機關

該校竟為炸燬政府於迅籌恢復之餘矜念

陳嘉庚等艱辛創業顧力宏毅嘉惠士林足

資矜式特予明令襃揚以彰殊績丙勵來茲

此令」等因除由府公佈外相應錄令函達查

轉行知照為荷』等由合行令仰知照」

等因。奉此，合行令仰知照。並轉行知照。

此令。

部長　陳立夫

国民政府教育部转发行政院对陈嘉庚、陈敬贤和林文庆的表彰训令

群贤楼（1937年初）

群贤楼背景（1937年初）

厦门大学全景（1937年初）

集美楼（1937年）

…学全景（1937年）

觊觎厦门已久的日本海军舰队伺机发动进攻，1938年5月10日于五通凤头村强行登陆，11日厦门沦陷。在日舰猛烈炮击下，厦门大学"校址受到重大损失"，生物院、理化院、兼爱楼、笃行楼和白城山的住宅楼被摧毁，博学楼、映雪楼遭受破坏，炮火波及群贤、集美、同安、囊萤四座楼，其他多座房屋及附属设施"悉数夷为平地"。沦陷期间，厦大被日军占据为"闽南派遣军司令部"，作为闽南沿海一带陆海空作战指挥中心，"校舍被敌充作兵营"，梁木墙石被日军运作防御工事之材料，生物院和理化院的工字铁梯栏窗柱等钢材甚至被拆运到台湾。兵燹之后的厦门大学，校舍破坏之惨重，"已非昔日之壮观"，"留下的是一片废墟"。

抗日战争胜利，内迁长汀八年的厦门大学于1946年"开始复原返厦"。在长汀组织"复员委员会"，在厦门设立"驻厦复员办事处"，专门负责校本部修缮建筑以及其他复员工作。因学校收复后又被军事当局利用作日俘海陆军集中营，经汪德耀校长与军政方的再三交涉，至2月9日撤退完毕，于3月初才正式收回。鉴于工程建设的需要，始设"工程设计室"，隶属总务处及复员委员会，由方虞田主持，进行校舍的修整工作。

主要的战后校舍复员修建："须大加修理者"，有"破坏甚者，不能居住"的博学楼和映雪楼，"几等全部翻造"后，乃做二、三、四年级男生宿舍；"须稍加修葺添补门窗者"，有群贤、集美、同安、囊萤等四座大楼，维群贤楼后面加建一层方形平顶大厅，与原屋相连，合为书库；"全部毁坏者"，利用旧基修复的有白城山教员眷属住宅七座（1947年4月）、女生宿舍笃行楼一座（1947年3月）。新建筑工程有作为单身教授宿舍的敬贤楼（1947年3月）、用作实验室和教室的工学馆（1947年5月）。"计划中的新建筑"虽列有恢复生物院和理化院，终因没有获得建筑费而未能付诸实施，两座大楼埋没在蔓草蓬蒿中留下废基残迹供人们凭吊，理学院的一切设备都只有局促在囊萤楼里。1948年7月，在博学楼三楼阳台上加筑大房间三间，并将原有房间向背面阳台扩充，以解决新生院升入校本部90名二年级学生的住宿问题。

继早期"嘉庚建筑"五年之后的1927年以来，可谓是厦门大学的校园建筑进入了一个"间歇"时期，姑且不论长汀办学八年，就是直至1949年的"复兴计划"之建设，由于经费严重缺乏，而"未克大规模进行，故一切修建均采临时应用之性质"。

日军炮击下的生化院废墟

日军炮击下的理化院废墟

抗战时期的厦门大学全景

日军炮击下的兼爱楼、笃行楼废墟

日军炮击下的白城山教授住宅废墟

群贤楼（1940年代）

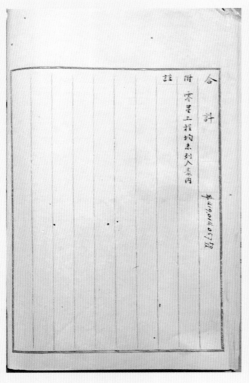

一年来修建工程一览表

新建或修缮名称　栋座　数目　建筑实价

群贤楼背景（1940年代末）

《一年来校舍建修工程概况》（1947年3月造）

一年来校舍建修工程概况

本校原校舍被敵破壞或全殘燬或局部殘破已成一片荒凉為
復員待用特於卅五年一月在廈設立復員辦事處庶除辦事工作外並
着手校舍之修建以資校本部遷廈可供各員時間復員費用到始克積極進行茲將復
員無法大規模之建造至六月間復員經費已到始克積極進行茲將復
迄今行將一年已經完成之較大工程分述如左

甲建築方面

（一）單身教員宿舍一座今名教員樓計二層上下共有房間三十四間每
間一人可容三十四人內部設備俱有膳廳對房水房浴室盥洗室工友臥室及廁
兩等頗為適用

（二）有春教員住宅七座就原自城當地重新建築預定樓房十座為
限俟經費改為平屋七座並利用舊殘石料以來經濟庭座可住由家計合
真居室卧房廚房浴室廁而等設置

（三）工學館該館分為二層第一層有材料實驗室本力實驗室電磁測
驗室電訊實驗室四大間教室四間第二層有製圖室兩間焉可作大課室
之用辦公室七間會議室休息室合一間割已全部竣工

（四）機械工場二所面積為三十八米一佰卅二英尺可供木工鎔工鉗工物料
原有運動場及設備被敵寇破壞焦餘僅存一片荒地並已修復董
實驗室等之需

加設倍計有跑道呈球場各一籃球場四排球場三網球場一各堵均

乙修繕方面

（一）校本部已修完者有博學樓雪囊營同安集美大樓東西膳廳等廳

（二）附近場所如寶驗小學工場俄學系建氣室等十餘皮

（三）向民間租貨者計大南新村喜院虎頭山壽山路同文路等處
職員宿舍二十餘庭先後修繕完竣
其他如學生宿舍醫院生物院化學院交員常況試驗室圖書館等等

（六）其他小屋如倉庫浴室寄場合作社郵局各房舍或正式建築或臨
時搭蓋室為經費不足說起免需與否隨時泰增
行標準並有比賽場機械操場田径賽場等填以供應

國立廈門大學校舍全景

厦门大学全景（1947年）

1950年代的博学楼

1950年代的群贤楼群背景

1960年代的同安楼

1980年代的囊萤楼

群贤楼群和运动场全景（1950年代初）

新中国成立后，陈嘉庚怀着对新中国的"满意而且放心"离开新加坡回归集美定居，抱着对新中国的"曷胜兴奋与期望"投入报效祖国的建设。厦门大学，迎来了"嘉庚建筑"的一个新的历史时期。

在全国解放前夕，面对战乱局势，陈嘉庚身在异国，心系厦大，寄语嘱咐全体教职员和学生，"大家安心，保全校产，等待解放"。1950年1月6日下午，出任首届全国政协常委及中央人民政府委员的陈嘉庚，由中央侨务委员庄明理等陪同来到阔别28年的厦大视察，首先巡视学校各处的楼房和运动场各地，并到膳厅和寝室看望学生的生活情况，同时还安慰同学们："现在厦门解放不久，国家在大改革，大家应吃点苦。"8日晚6时，学校在大膳厅举行1700多人参加的盛大欢迎

会，陈嘉庚在会上作了3个小时的讲话，"畅谈新厦大远景"，勉励大家"负起建设新中国的责任"。

这年夏天，新任校长王亚南拜晤在北京出席全国政协第一届第二次会议的陈嘉庚，"请其提示办校意见，并述学校校舍大部毁于炮火情形"。陈嘉庚听后，虽然"当时未明白表示支援"，但他遂决定向女婿李光前筹款，支持厦门大学校舍的修复和扩建。10月22日，参加北京会议后回到厦门的这一天上午，陈嘉庚便"偕陈村牧先生等十数人"来厦门大学，"察勘校舍建筑地址"。他在会见王亚南校长时说，"学校校舍不敷情形即函李先生资助，刻李先生已来函慨允请即着手筹建"。次日致函王亚南校长提出对校舍修建的一些想法与实施建议，隔天晚上又通过陈村牧转达若干有关建筑的具体意见。

全国政协筹委会常委合影（1949年7月5日，前排右二为陈嘉庚）

陈嘉庚出席第一届全国人民代表大会第一次会议，在中南海怀仁堂与毛泽东主席交谈（1954年9月17日）

陈嘉庚回国前与家人合影留念（1950年5月）

李光前（1893-1967年）

陈嘉庚与李光前、陈六使在新加坡合影（1950年2月15日）

竖立在厦门大学校园的李光前塑像

陈嘉庚紧接着在学校设置"厦门大学建筑部",主管校舍建筑,亲自监督规划与建设。在察勘校舍建筑地址的当天,随着带来四五个包工,议定石工三家,每家各按三四十人,每工白米12斤;土木工各两家,每家二三十人,大工每日白米11斤、小工每日白米8斤,即付回家包工每人700万元,为起盖工人宿舍及工场之用。并确定"将仍照过去建筑群贤、映雪、囊萤等楼办法,石、土、木等料概由自办。工程方面只以范围狭小、容易按核者,局部分别出包,而不予概括总包,以杜绝过去独占剥削,以及偷工减料诸弊"。建筑部自己组织基建队伍,陈嘉庚从闽南的惠安等地招聘大批建筑工匠,高峰时最多达1800人。

陈嘉庚组织的厦门大学建筑部是个独立编制单位,不隶属于厦大校长管辖,内有绘图工

陈嘉庚在厦门大学与学校领导合影（1950年代初）

程师、施工、出纳、会计、监工各一名，每座楼工程和各工种配有负责施工的领工员各一名等办事员10余人。指定陈永定为建筑部主任，聘来自台湾的毕业于日本帝国大学工学院的刘建寅任绘图工程师。自1950年11月校舍动工至1955年5月工程结束，支出薪水杂费7万元左右，代支工友文教费1万多元，共8万余元。陈嘉庚设厦大建筑部并亲自主持建筑，有三个方面的因素：一是他请李光前捐建三座楼外，尚拟向其他华侨继续募捐；二是由他负责建筑，可以得到华侨十足信任，打消不必要的顾虑；三是建筑中途万一树胶价跌或发生其他变化，华侨不便就此弃之不顾，总会设法使陈嘉庚所主持的建筑工程底于完成。正是陈嘉庚审时度势的周全考虑，保证了这一时期厦门大学校舍建设的顺利进行。

厦门大学建筑部成立两周年，陈嘉庚与办事人员合影留念（1952年10月22日）

陈嘉庚到厦门大学建筑部指导工作（1952年）

建南楼群（上弦场）基建工地（1952年）

首期建筑，决定在生物院旧址建科学馆，"照被日寇拆毁之生物学院式样，一切间格依旧"；在博学楼东面空场建筑一座学生宿舍，原"将仿照博学楼建筑"，后改为"集美学校学生宿舍亦多如是"的"略如同安、集美两楼之构造"。陈嘉庚认为，"科学馆就生物院原地基建筑，学生宿舍建筑亦甚简单，故不必请建造师设计绘图，即时可以兴工"。他之所以"急于建筑"，主要是出于"目前树胶涨价，捐钱较易，不可错过良机；现在暹罗尚可通汇，不久恐亦将实行限制"的原因。1950年11月中旬，学生宿舍和生物学院两座校舍最先开始建设。

陈嘉庚运用李光前的捐资，翻开了厦大校舍建筑史的新的篇章，大规模厦大校舍的兴建，造就了具有重大历史与文化意义的两大嘉庚建筑楼群。

建南楼群的主楼建南楼位于李厝山中部，两侧各两座分别是东为南光楼、成智楼，西为南安楼、成义楼。成义楼即是在原废墟上复建的生物院楼。五座大楼与群贤楼群一样为轴线对称式，所不同的是这里的"一主四从"依山面海排列为半月状，借山势而筑的长1000多米的三段式间歇平台25级大台阶形成统一基座，三面环绕楼前的乌空圆辟为一个可容纳两万观众的32200平方米的椭圆形大运动场。主楼正面前楼为绿色琉璃瓦宫殿形大屋顶和花岗岩墙身的中西式结合造型，中部四层与两翼楼三层及相连的大露台二层，逐次后退左右对称。正立面形成两旁衬托突出中部的处理，高低错落有致，前后进退相宜，空间感极强。最让人为之惊呼的是，主入口四根精雕细琢的巨大西式石柱，方形高柱础、圆形长柱身，螺旋状柱斗，上下收分有度，线条层次多变，造型独特，让这座高大的建筑更显挺拔而壮观。

建南楼群（上弦场）基建工地（1954年）

建设中的成义楼（1951年）

成义楼前景

成义楼背景

建南楼的中部为会堂，内部地面倾斜式，纵长42米，横阔40米，中间柱跨30米，左右各有5米宽的柱廊间上部绕与前楼后的深15米二层连接，上下楼可容4500个座位。后楼的演讲台进深7米，面阔4米，台的两侧各配有三层楼房，设为演剧人员活动之场所。为了使演讲台及其后楼与大会堂的尺度相适配，在施工中曾三易图纸并不惜返工以达到圆满的效果。中部会堂原设计采用人字木屋架，由于跨度达30米，又地处滨海高岗风大，很难保障安全与建构强度。经多方建议，陈嘉庚最终同意改用钢构屋架，由政府投资交学校修建部设计和施工。整个屋面按土建实际尺寸采用芬克式桁架13榀，架距3.05米。每桁架跨长30.5米、高10.67米，结构采用鞍山角钢和铆钉连接，每桁重5吨多。屋顶的钢架安装工程，利用"拖杆支撑起吊法"，于1954年12月1日全部吊装就位，12月中旬完成4200座位的安装。建南楼全部工程于1955年3月告竣。此前，用作生物学院的成义楼，化学专用大楼南安楼，物理、数学两系兼用大楼南光楼，用作图书馆的成智楼也相继建成。五座大楼除建南大会堂前楼外，也包括其后楼在内，全部为西式，橙红瓦屋面，花岗石墙体，造型简洁优美，潇洒大气，极富现代意识。

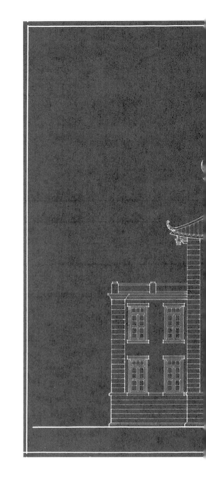

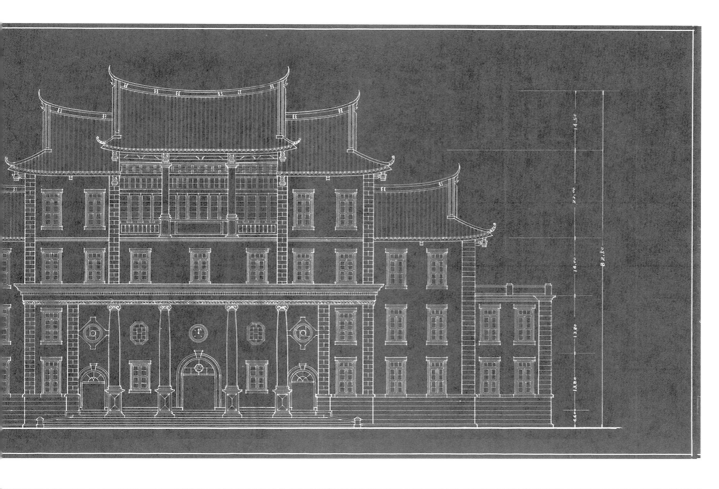

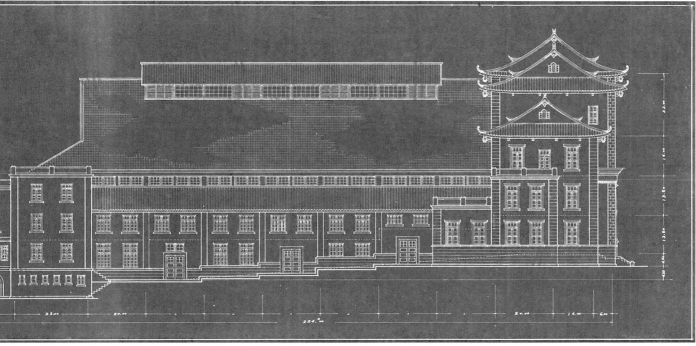

建南楼建筑设计蓝图

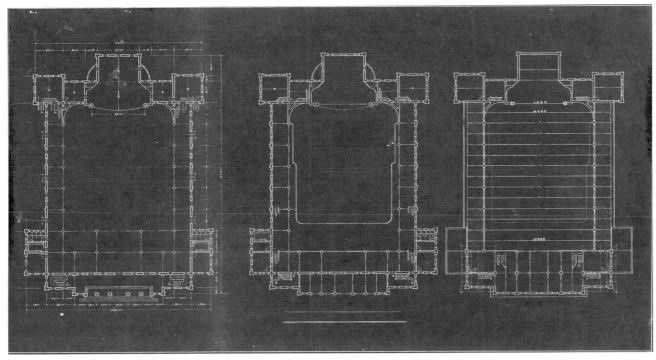

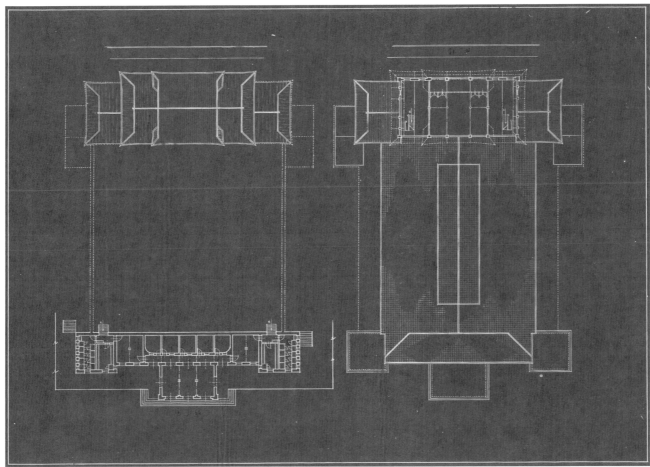

建南楼建筑设计蓝图

建南楼施工现场

建南楼施工现场

吊装石柱础场景

吊装屋顶钢架，工人手摇钢绳绞车，把重五吨多的钢架吊上木排架

钢架在最高离地12米的木排架上缓缓地沿着铁轨向屋顶移去

工人在屋顶上紧张地注视着钢架横推时轨道活轮的移动

建南楼屋顶

被认为"这是变更原计划图第二局的改进建筑"
的建南楼群，无论是单体建筑，还是建筑组团，乃
至于地址的选定，与墨菲的规划设计比照，说"受
到墨菲的影响"已经是没有意义的了。"其雄伟壮
观，坚固耐用，建筑艺术，可称独竖一帜而臻于上

乘，实为目前国内大学未有的建筑物"。对建南楼群的这样评价，应该就是一个很好的说明。

建南楼群，成为厦门大学校舍建筑的一个新的标志。陈嘉庚对这倾注最多心血的建筑的建设成功，能让外国和本国的轮船一从东海进入厦门，就看到新建的厦门大学，看到新中国的新气象。这让胸怀报效祖国，"期望对于厦大发展有所贡献"的他，显然感到无限的欣慰。建南楼群，的确是让看过的人无法忘怀的，她不仅具有雄伟壮观的建筑气势，还有着震撼人心的精神魅力！

建南楼群（1956年）

与建南楼群同时铺开建设的是芙蓉楼群。前面述及因迫切需要而在博学楼北面空地建造的三层学生宿舍楼，于1951年最早完成，占地面积850平方米，有宿舍54间，命名"芙蓉第一"。绕着水田边砌筑的石堤，在被日军炮火炸毁的兼爱楼和笃行楼废址上，建筑一座与芙蓉第一楼同样类型的拥有70间学生宿舍，占地950平方米的四层大楼"芙蓉第二"。在与芙蓉第一楼相对应的临田北侧，建了一座和芙蓉第二楼同一样式的三层楼，占地面积850平方米，有宿舍57间的"芙蓉第三"。又于东边社的东南一侧建"芙蓉第四"，是一座造型有所不同的有学生宿舍51间，占地面积720平方米的三层楼。芙蓉第一、第二、第三楼，外廊式立面红砖清水墙，两侧和背面清水条石砌筑。绿色琉璃瓦宫殿式大屋顶，屋面从中间向两边依层逐次叠落，两端和中央凸出的部位采用歇山顶，燕尾脊平缓舒展，深挑檐卷草飞扬，极见柔美风韵。楼面正中造型别致的女儿墙镶嵌石刻楼牌名碑。芙蓉四为西式，红瓦普通

屋面，清水白石外墙，用料、做工，虽不及其他芙蓉楼考究，但造型朴素大方，别具一格。

芙蓉楼群，尽管不如同"一主四从"的那样强调严谨的主从关系，而是绕着"水田"来组织建筑群的整体形象，"自由空间"洒落所营造的如同管弦乐般的节奏和韵律，有着序列的、连续的流畅之美。绿瓦、红砖、白石，无论是在造型、色彩还是虚实对照上，都以强烈的对比而又不失和谐的呼应，给人们留下深刻的印象。

这一时期建设的还有其他校舍建筑，据全部校舍建设完成时的《陈嘉庚先生经营厦大建筑部声明》记录：由1950年11月开始动工至1955年5月工程结束，"除上弦场及水道外，共建屋29座，鲁班尺六十万方尺"。其中主要建筑有建南礼堂、南安楼、南光楼、成义楼、成智楼，芙蓉第一、第二、第三、第四楼，国光一、二、三楼，丰庭一、二、三楼，成伟一、二楼教室，以及上弦场石阶，丰庭膳厅、竞丰膳厅等，"总造价2407752.77元"。

建南楼群背景（1957年）

陈嘉庚巡视芙蓉楼、丰庭楼建设工地（1951年7月）

芙蓉第二楼和芙蓉第三楼

成伟第一楼（1970年代）

成伟第二楼（1970年代）

芙蓉第一楼（1951年）

建设中的芙蓉第三楼（1953年）

芙蓉第三楼（1954年）

建设中的芙蓉第二楼（1952年）

即将竣工的芙蓉第二楼（1953年）

芙蓉第二楼（1950年代）

芙蓉楼群和芙蓉湖（1954年）

丰庭第一楼（1951年11月）

丰庭第三楼

建设中的丰庭第二楼（1952年8月）

厦门大学全景（1953年）

国光第一、二、三楼楼名碑刻

国光楼群

陈嘉庚巡视国光楼群建设工地（1951年7月）

厦门大学全景（1956年）

建南大会堂举行全校性科学讨论会，王亚南校长报告他的论文《马克思的人口理论与中国人口问题》（1959年5月1日）

建筑部主任陈永定陪同陈嘉庚巡视建南楼群建筑工地（1951年7月）

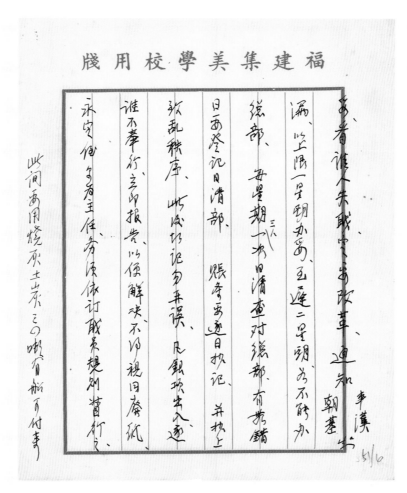

福建集美學校用牋

承看護人朱戰雲辦事改革、通知朝基知
滿、坐限一星期辦好、至遲二星期為不辦好
總部、每星期一次日清查對總部、有差錯
日面登記日清部、賬務要逐日登記、並抄上
致亂秩序、此次抄記勿再誤、凡銀項出入逐
誰不奉行立即報告、以便解決不必視日廢紙
永定俾多看主任務須依訂賬景規則替行之

此間兩用燒承土岩三〇噸有船可付事

陈漢
51/6

陈嘉庚致陈永定信函（1951年6月）

作者采访原厦大建筑部主任陈永定

陳嘉庚先生爲本校增建校舍廿餘座

中央教育部特來函致謝

（本報訊）在廈大，多座新校舍同時建築起來了，初型已落成。樓宇氣象一新，可容一百人的女生宿舍，可容著者豐庭餘屋，同時三十六家起來的男生宿舍芙蓉第二、第二宿舍已落成。這些廢台址重建的宏偉建築，原圖書館被炸毀了，已經我們大家重建起來。教育部馬部長特來函向陳嘉庚先生表示謝意，原文如下：

陳嘉庚先生：據廈門大學校長來函報告，先生爲該校增建校舍完成五座，現又擬於一九五一年四月廿七日增建五座，連前已建之宿舍、圖書館、醫學院大樓、教員宿舍、男女生宿舍等，現已完成五座，已開始動工，先生熱心祖國教育，並獨力負責募捐致款之誠意，殊堪欽佩，謹代表中央人民政府教育部向先生敬表謝意。

馬叙倫

一九五一年六月廿九日

教育部长马叙伦致陈嘉庚谢函

……晚，在建南大会堂举行盛大的庆祝新校舍落成典礼，校主陈嘉庚亲自到会讲话，受到了全体师生员工的热烈欢迎，中央高等……
……育司李云扬司长、福建省教育厅郑书祥副厅长、厦门市张道时市长等领导莅临大会并都作了重要指示

陈嘉庚为厦门大学增建校舍，中央人民政府教育部部长马叙伦特签署致谢函，向陈嘉庚表示感谢："热心祖国教育事业，始终不渝，前既独捐巨款创设厦门大学，现又独力负责募款为该校增设校舍，欣闻之下，不胜钦佩，我谨代表中央人民政府教育部向先生致衷诚之谢意！"

在历时55个月的建设工期里，年逾八十高龄的陈嘉庚，每星期不止一至两次乘坐普通的小渡轮，从集美来到厦大工地"办公"，指挥安排图纸设计、施工进度、经费调拨和及时解决事无巨细的问题。厦大建筑部主任陈永定，感慨动容地追叙当年跟随陈嘉庚左右的场景，中午与办事员一起用餐，在简陋的工作室稍息，一杯温开水、一条白毛巾，伴着他老人家无间风雨寒暑地在厦大工地巡视的那无数个日子。大家都这么说，后期的厦门大学"嘉庚建筑"的规划与建筑，是陈嘉庚挂着手杖踏步"走"出来的。这么巨大的工程，只请了一位工程师

按他的意图进行设计和绘图，与闽南的能工巧匠磨合加以施工，并由他亲自监督完成。"嘉庚建筑"的后期建造起来的这一座座校舍，倾注着陈嘉庚的艰辛汗水，凝聚着陈嘉庚的无限心血。这一幢幢建筑，再一次把一件件新作加入永恒！

在厦门大学校舍工程紧张而有序地进行到最后阶段，杖朝之年的陈嘉庚由校党委书记、副校长陆维特作陪察看工地，当来到即将完工的物理大楼（南光楼）高地时，他高兴地环视新中国成立后盖起来的厦门大学新校舍，挂着手杖指点校址兴奋地说："你们看，这里还有好多空地，四周还可以建筑几万平方米的校舍，中间盆地可以建筑一座美丽的校园。"他深情而又庄重地接着说："我要完成这个大业，我完成不了，有我的儿女，有我海外的亲友，更重要的还有我们强大的新中国！"校主陈嘉庚对厦门大学的建设与发展，充满了信心与期望。

校主陈嘉庚在建南大会堂举行的庆祝新校舍落成典礼大会上讲话，集美学校校董陈村牧同台为陈嘉庚讲话作普通话翻译

陈嘉庚视察完成校舍工程建设的厦门大学，在建南楼前与陪同人员合影（1955年）

陈嘉庚在厦门市委书记袁改（左二）、市长李文陵（左三）、副市长张楚琨（左一）
和厦门大学党委书记陆维特（右三）陪同下偕黄丹季（右二）参观厦门大学（1956年）

陈嘉庚在厦门大学由张楚琨副市长（中）陪同听取厦门大学党委书记陆维特作学校建设工作汇报（1956年夏）

陈嘉庚与中央高等教育部综合大学教育司长李云扬（左五）及厦门市长李文陵（左八）、市委副书记
萧枫（右一）、副市长蔡衍吉（右二）和校党委书记陆维特（左七）等在大南新村合影（1956年6月）

厦门大学全景（1957年）

厦门大学全景

厦门大学卫星地图（1966年）

厦门大学全景（1960年代）

厦门大学全景（1970年代）

厦门大学全景（1980年）

1984年初建成占地52亩的芙蓉园

芙蓉园（2000年代）

厦门大学全景（1990年代）

继承修"祖厝"

陈嘉庚对于厦门大学校舍之建设，认为"不出二三十年，世界之建筑法定必更大变动，许时我厦大生额万众，基金万万，势必更新屋式及合其时科学之用法，故免作千百年计而只作三五十年计足矣"。因此，他一向坚持"能免费少资，粗中带雅之省便方可"的思想，指导着校舍的建设。厦门大学嘉庚建筑，无论是早期，还是后期，经历半个世纪乃至近一个世纪的沧桑，至今依旧保存了下来，这是校主他老人家所没想到的吧。

群贤楼、同安楼、集美楼，是早期建设的厦门大学嘉庚建筑。陈嘉庚本来是作"暂时用一用，三四年后再扩大"打算的，尽管"后来一直没进行扩建"而如此一晃90年过去了，然而这三座楼

曾经做过多次的维修，其中比较大的动作有这么几次：（1）1938年5月至1945年8月，抗战期间厦门沦陷，厦门大学被日军占据，校舍受到严重破坏，1946年，厦门大学复校后，对其进行整修；（2）20世纪50年代末60年代初翻修群贤楼群，由于经费的原因，施工条件的限制，群贤楼前面中厅部分屋面保留原有绿色琉璃瓦宫殿式大屋顶，两侧翼楼及集美、同安两楼屋面则作比较大的改动，屋顶正脊改为水泥花格样式，屋面铺橙色嘉庚瓦，并将二层和三层的木地板改为混凝土结构地板；（3）2001年和2006年，为迎接厦门大学建校80周年、85周年校庆，对群贤楼等建筑进行了改造装修。

同安楼重修梁架上的铁钉纪年（1965年11月）

1960年代重修后的群贤楼、集美楼、同安楼

群贤楼木结构彩绘

群贤楼燕尾脊装饰

屋脊水泥花格装饰

同安楼

1960年代修缮后的群贤楼群（2003年）

群贤楼

集美楼

走过90年的历程，对群贤、同安、集美楼之所以进行一次全面的修缮，是因为2009年的出险。这一年3月6日8时37分，因连日下雨，造成群贤楼屋顶前坡琉璃筒瓦板瓦大面积滑落，木架构椽、檩裸露，大量的残砖瓦砾堆积于下檐屋面和散落地面，顶层后坡屋面也出现断裂痕迹，雨水内漏，建筑主体损坏严重。校党政领导立即停止校长办公会议，第一时间赶到现场，责成相关职能部门，采取应急处理措施，报请厦门市消防队协助清理砖瓦土头，排除安全隐患。学校紧接着成立了由资产与后勤事务管理处、基建处、监察处、审计处和人文学院历史学系庄景辉教授、建筑与土木工程学院张建霖教授组成的工作小组，负责群贤楼的修缮工作。为保证群贤楼的安全状况以及不受风雨季的进一步影响，对群贤楼出险现状当即采取用塑料薄膜和油毛毡加盖等一些有效的防护措施。与此同时，遵照有关国家重点文物保护单位的规定，即向厦门市文化局文物处报告险情，并希望尽快实施维修。

被校党委书记朱之文尊称为厦门大学"祖厝"的群贤楼，这一次的修缮工作受到了学校党政领导的高度重视，多次召开关于群贤楼维修方案专题会议。朱之文书记强调，群贤楼维修工程要科学组织，严格遵照国保单位的文物建筑保护有关法律规定实施，倾心倾力做好"祖厝"的保护修缮工作。按照国家文物保护法的有关规定，经多方评估确定，群贤楼修缮工程由北京建工建筑设计研究院（文物保护工程勘察设计甲级资质）承担设计，由北京市园林古建工程公司（文物保护工程施工一级资质）负责施工。

群贤楼出险状况

屋面梁架糟朽残损状况

2006年修缮后的群贤楼屋脊山墙、燕尾脊、戗脊卷草、木构吊篮的装饰彩绘

群贤楼1921年的原建筑构件绿釉花格和滴水

修缮设计方案专家论证会

校领导指导修缮工作

校领导巡视修缮现场

国家文物局领导考察修缮现场

在群贤楼出险现场的实地勘察发现，建筑主楼瓦面除已发生局部滑坡外，包括两翼楼，以及同安、集美楼，也都存在着不少问题。经过对建筑残损的状况、程度，以及原因进行了细致的探查后，准确地界定和把握了修缮的主要范围：（1）整体屋面进行挑顶维修，更换椽望，加厚木椽，檐头部位增加连檐瓦口稳固瓦当、滴水，在望砖上垫泥（灰）背并铺设一层钢丝网，通过铜丝栓挂底、盖瓦，采用传统掺灰泥瓦瓦，青麻刀灰夹垄、勾缝；（2）对现有糟朽的木构件采用剔除挖补或局部更换、补配、铁件拉接等方式进行维修，梁、檩、枋等木构件及各种雕刻木构件按照原有样式重做油饰、彩画及贴金，对中柱柱头侧移情况进行校正加固；（3）室内墙面除铲抹灰、刷白，原有木门窗检修加固，油饰见新，根据传统做法和样式重新灰塑和彩画山花，外墙面石材清洗，剔补墙缝；（4）依据使用功能完善楼内水电，以及安防设施等。

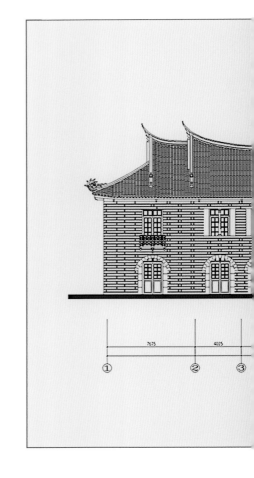

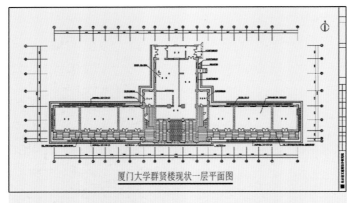

厦门大学群贤楼现状一层平面图

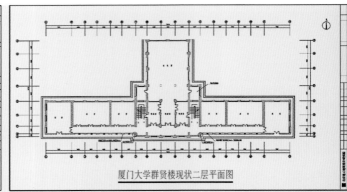

厦门大学群贤楼现状二层平面图

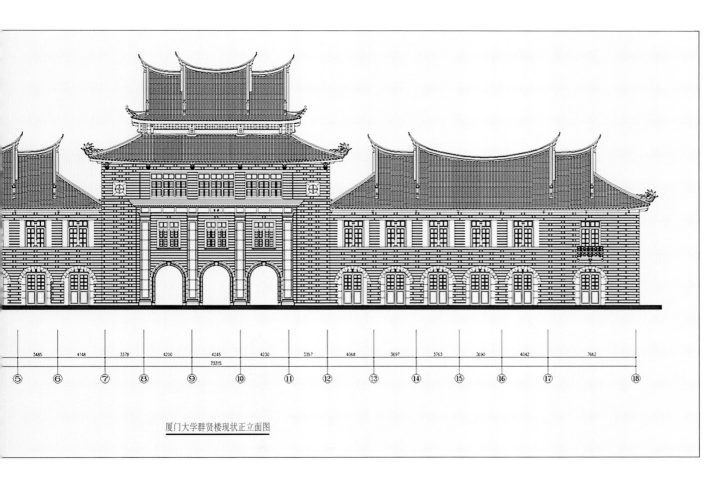

厦门大学群贤楼现状正立面图

| 3485 | 4148 | 3378 | 4200 | 4245 | 4230 | 3357 | 4068 | 3697 | 3763 | 3690 | 4042 | 7662 |
73315

⑤　⑥　⑦　⑧　⑨　⑩　⑪　⑫　⑬　⑭　⑮　⑯　⑰　⑱

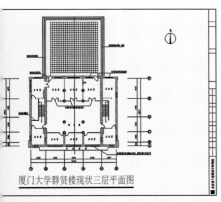

厦门大学群贤楼现状三层平面图

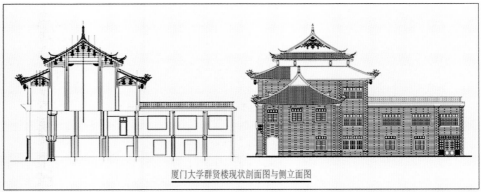

厦门大学群贤楼现状剖面图与侧立面图

群贤楼修缮设计图

这次修缮，改变最大的是屋顶。一是主楼屋面因滑坡而进行全面维修；二是两翼楼和同安、集美楼屋顶，按照20世纪60年代初大修前即1946年整修后的式样，恢复大坡顶燕尾脊造型和绿色琉璃瓦屋面。设计是维修工程的前提和基础，主管修缮工程的资产与后勤事务管理处查阅了大量文献资料，就整体修缮方案设计，多次举行专家论证会及召开座谈会征询老领导、老教授的建议和意见。经过严格评估、分析论证和维修设计方案的审定，经校长办公会研究，报请国家文物局批准，群贤、同安、集美楼修缮工程分两个阶段进行。群贤楼于2009年10月正式动工，历时6个月在2010年4月完成。同安、集美楼，于2010年10月开始施工，2011年1月圆满告竣。

设计尊重传统风格、施工恪守修旧如旧，是文物建筑维修的基本原则。三座楼的屋顶，从色彩，从体量，从整个风格，基本上恢复1946年时的本来面目，正确再现了历史的原貌。施工中努力做到既能排除险情，又能最大限度地保存早期建筑的现存实物，保存原材料和原构件甚至技艺痕迹，把它们留存的历史信息和全部价值真实完整地延续下去。积极引入有经验的地方匠师，让闽南古老优良的传统建筑技艺和地域特色手法，依然延用在修缮中便是一例。始终贯彻文物保护的理念，在施工方法和工艺上，则有所改进和创新，以保证修缮工程的质量。

翼楼和同安、集美楼的梁架，在尽量利用原有构件的基础上，增加一道钢结构与原来的旧梁复合作为承重梁，提高承载能力；使用低毒无公害环保型药剂，在现场对更换的木构件进行防虫抗腐喷涂处理，延长使用生命。不得不更新的构件、用料，严格按原形式、规格、颜色补配或专门定做，琉璃瓦、板瓦和瓦当、滴水，就是以旧的实物为样本，经过晋江磁灶协和琉璃瓦厂反复的试验才烧制出来的。显然，"修旧如旧"是文物保护的基本原则，但不是文物保护的目的。就建筑修缮保护工程的目的来说，并非要使群贤楼返老还童，而是要让这座"祖厝"益寿延年。这，才是需要努力去做的！

三座楼的维修工程，在设计、施工、监理和管理人员的共同努力、精心实施下，完成了修缮工程内容，保证了修缮工程质量。群贤楼、同安楼、集美楼，以"修旧如旧"后的新的面貌，重现其"气魄雄伟，不可一世"的魅力与风采！

群贤楼修缮施工现场

卷草雕塑与彩绘

群贤楼修缮施工现场

群贤楼饯脊卷草

修缮建筑用料绿釉滴水、瓦当、筒瓦

修缮后的群贤楼前景

修缮后的群贤楼背景

修缮期间，朱之文书记、朱崇实校长等党政领导十分关心修缮工程，多次到工地检查工作：国家文物局文物保护与考古司副司长许言、国家文物局专家组成员张克贵，以及福建省文物局、厦门市文物处等领导、专家也到现场指导工作。参加群贤楼修缮的工作人员，是用心在做这件事的。他们一丝不苟地工作，也取得了让人赞誉的成果。我们豁然从中发现了一种真诚，一种难能可贵的真诚，而在背后支撑着这种真诚的是对陈嘉庚先生的敬仰，对厦门大学的热爱。一切为了修好"祖厝"，朱之文书记把它提升到这么一个高度来认识："修缮的是群贤楼群建筑，传承的是厦门大学历史，弘扬的是嘉庚文化。"是的，校主陈嘉庚创办了厦门大学，作为学校的奠基建筑的群贤楼群，是厦门大学历史的见证，嘉庚文化的象征。修缮好、保护好"祖厝"，是我们这一代人义不容辞的责任，我们也有信心把这份珍贵的"历史文化遗产"完好地留给下一代人！

朱之文书记在修缮竣工典礼上讲话

群贤楼、集美楼、同安楼修缮竣工典礼（2011年4月2日）

修缮前群贤楼群全景（2008年）

修缮后群贤楼群全景（2011年）

■ 无论走那条路，亦须保留我国文化，乃能维持民族精神！　　——陈嘉庚

嘉庚建筑特点与风格

因地制宜布局

说到嘉庚建筑，人们总是津津乐道于陈嘉庚的"中国传统风水观念"。实质上，所谓风水观念，是他注重人与自然、建筑与环境的和谐而非对抗的"生态适应"关系，因地制宜地在厦门大学校舍建设中的一次理想的实践。

陈嘉庚提出，对建筑厦门大学校舍之"最重要的不出三件事"，第一件就是"地位之安排"。

强调校舍建筑的"地位之安排"的整体性之布局，这是厦门大学嘉庚建筑的一个最重要也是最基本的特征。当他以其多占演武场地位，妨碍将来运动会或纪念日之用而改变墨菲的品字形设计，开始在开阔的演武场上五座一字形排开建筑群贤楼群时，首先注意到了的即是"中座背倚五老山，南向南太武高峰"的中轴对称格局。

陈嘉庚致陈延庭信函（1923年4月11日）

厦门大八景之一"五老凌霄"

南太武山宋代延寿塔（1967年拆除）

五老峰（1980年代）

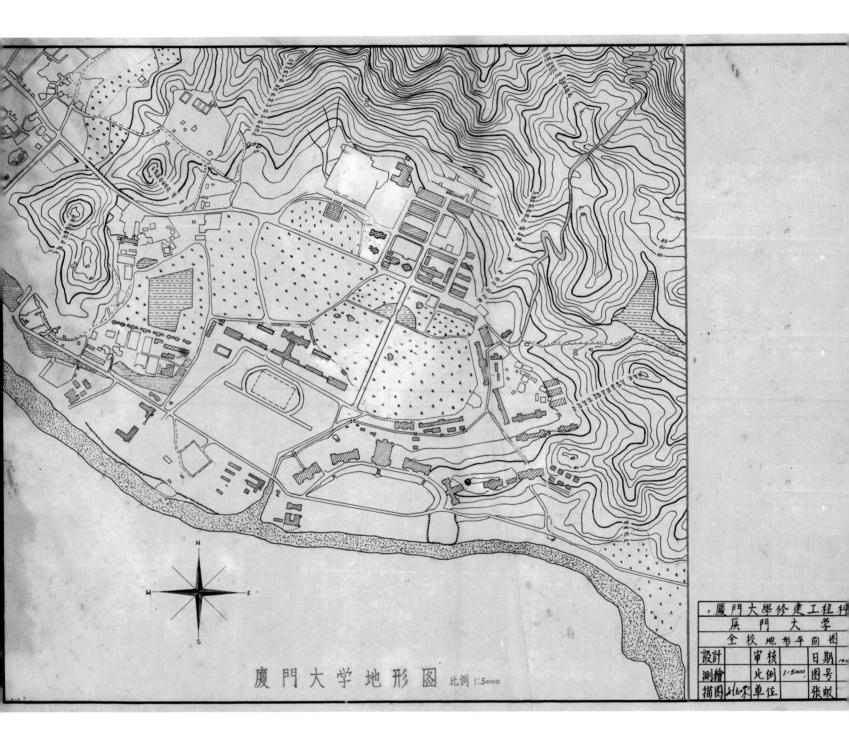

厦门大学地形图 比例1:5000

厦門大學修建工程科
厦門大学
全校地形平面图

設計		審核		日期	
測繪		比例	1:5000	图号	
描图		单位			張畝

五老山，是厦门大学经思明县公署校准的"以达五老山之极峰为界"的校园范围。据《鹭江志》载："五老山即南普陀山也，五峰森列，如画之五老图故名。环然相接而旷，其南与太武对，其下为校场埔，演武亭在焉。"可见北五老山与南太武山相对是一条天然的轴线，五老山下的南普陀寺，"隔江太武拱山门"，便建在这条轴线上。陈嘉庚把群贤楼群中座的地位就安排在这条轴线上坐落，又采用"一主四从"与"五老山"呼应，达到了建筑与自然环境相协调的目的。

　　无怪乎全国教育会和全国商会在上海举行两联合会联席会议共14省区26人代表于1921年11月22日舟抵厦门，在参观厦门大学新建筑后，无比惊叹"南普陀山脉蜿蜒，赴海而尽，大学据其高岗，有阴阳，其阴坡陀起伏，其阳平原坦莽，城形之故垒，界乎其间，气魄雄伟，不可一世"，以致"环向陈君呼陈嘉庚万岁！厦门大学万岁！"

　　我们有理由相信，厦门大学校舍"一主四从"的建筑布局模式，一定是陈嘉庚有感于"五老凌霄"（厦门大八景之一）而"因地制宜"作为的结果。

群贤楼群及运动场（2000年代初）

建南楼群的建设，陈嘉庚又一次因地制宜，利用五老山的余脉李厝山自东向西半月形环抱乌空圆海湾的地形，遵循整体性的原则，在其高岗上安排了"一主四从"建筑的地位。呈轴对称半月状列置的五座大楼，朝南建制，但每座建筑根据地理条件做出一些变化，最典型的是东端的成智楼和西端的成义楼。成智楼三层，建筑平面呈飞机形，依山而建，主入口一楼和二楼随坡地逐层升高向后延展与山体相嵌，三楼背面辟门与校园步道衔接，根据地形按照使用便利的要求灵活构筑。成义楼位于五老山余脉李厝山的端部，作为"一主四从"之一，其坐向为一致的坐北朝南，不过，在大楼后背的北面，则开辟了大门并石砌40级阶道与演武场连接，形成又一个主入口。按照陈嘉庚的不同地形"有的建筑勿分前后面"的这种双面建筑的做法，以弥补所谓"风水"中的"后背无靠"之忌讳，也算是建筑与自然形成的一种"协调"了。

建南楼群和上弦场（2010年）

成智楼北侧面景

成智楼南侧面景

成义楼北大门

成义楼40级石砌阶道

再看看芙蓉楼群的建筑。楼房的坐向，并非一定是坐北朝南就好，而是以建筑坐落的山形地势所确定的。沿着五老山余脉李厝山自东向西的延伸，形成了演武场以东的"芙蓉湖"为中心的北、东、南三面围合的地理形势。当年"围绕水田配境"而先后建设的博学楼和芙蓉第一、第二、第三楼，正是以面朝芙蓉湖为坐向的。看似自由洒落的几座大楼，实际上它们的"地位之安排"，以坐东朝西的芙蓉第二楼的体量最大、层次最高、造型最气派的"中者为尊"为依据，已经形成了厦大校园中的另一组中轴对称的主从关系建筑。由此看来，正因为芙蓉第四楼不是排列在中轴对称位置上，所以才与芙蓉第一、第二、第三楼不一样，建造得也比较简约粗砺。

芙蓉楼群鸟瞰（2003 年）

中轴对称的主从关系格局，特别是"一主四从"建筑布局模式，一再出现在厦门大学而没用于集美学校，造就了前者"壮丽"与后者"秀雅"的不同气质的建筑群整体美感。这本身就是陈嘉庚对自然环境深入的观察和充分的利用，借地形地势布局而做的具有强烈整体感的建筑群设计，表达了中国传统风水形势说所着重论述的建筑环境景观中的聚气藏风、互相呼应、有机联系的理想的空间构成和意象，使"驻远势而以环形，聚巧形而展势"的风水学原理，在"因地制宜"的厦门大学嘉庚建筑中得到很好的体现。

群贤楼群、建南楼群、芙蓉楼群全景（油画，1954年10月）

合理创新结构

陈嘉庚所强调的建设厦大校舍之最重要的三件事，首先是校舍规划布局的地位之安排，"其次就是间格与光线"。校舍建筑的间隔要符合功能需求，通风要好，光线要足，必须以合理的空间结构，打造适应"新式教育"需要的建筑物。厦门大学嘉庚建筑，基本上采用西式建筑的平面布置形式，主要的有内廊式、外廊式、内外廊结合式的几种结构类型。

外廊式结构，有同安、集美、芙蓉楼群以及国光楼群和丰庭楼群。在建筑物的正面设置外廊，这样的建筑形式，一方面柱廊发挥空间过渡功能，起着遮阳隔热、挡风避雨的调节气候的作用；另一方面通过廊柱构筑样式的变化，对立面形体产生繁简、虚实、协调等形式美和丰富的光影效果而美化了建筑造型。

同安、集美二楼与群贤两翼楼的形制、格调一致，采用石拱券结构外廊，下层为半圆拱券的形式连续出现，上层在巨大的方洞间立圆柱反复交替，若实若虚的空间效果，形成建筑立面的一大特色。上层与下层维系着既有对比又相呼应的

关系，尺度比例适宜，显得雍容典雅。群贤楼两翼楼和同安、集美楼一直作为教室和图书阅览室使用。

一样采用外廊式的芙蓉第一、二、三、四楼，平面长方"山"字形，中间凸出部位一层入门厅前后穿通，梯位后置，分两侧逐层踏步上楼。楼两端的凸出部位均做过道和楼梯位。芙蓉第二楼两端凸出部位四层，中部前后外凸，亦增建为四层，保留单向外廊，前后都有露台。芙蓉第三楼中间只有前凸，其他有与芙蓉第二楼类似的做法。楼之底层基座，全部为花岗石砌筑，并设腰线与上部的清水外墙隔段。正立面为闽南红砖清水墙，外廊柱以砖石拼砌，一、二层采用平段连接石梁，三楼均砌圆拱，每个拱券由柱顶发起，又在柱顶相连，砖拱上嵌花岗石。外廊护栏的底座及压顶用白条石，中间安装绿色琉璃葫芦瓶栏杆。转角柱用花岗岩与红砖错位砌筑。芙蓉楼群的这种布局，使得每个房间都有良好的通风和采光，宽敞的外廊，成为学生们小聚聊天与交流的好地方。

群贤楼两翼外廊

同安楼二层外廊

同安楼一层外廊

芙蓉第二楼正立面

芙蓉第二楼外廊、露台

映雪楼

内廊式结构，有映雪楼、囊萤楼、博学楼，以及南光楼、南安楼、成智楼、成义楼等。前后排格间相向，中间留出廊道，主入口居中，基本上为西式建筑。映雪楼、囊萤楼、博学楼等内廊左右贯穿，辟门通行。这三座楼的三层都相继被改造或增建为后排房间前为露台的格局，很长时间被作为学生宿舍。其他内廊式建筑平面开间规整，多为教室、办公用房。

内外廊结合式结构，典型建筑是群贤楼。群贤楼的中间部分为内廊式，两翼楼和分列左右的集美、同安两楼，采用石结构外廊式，下层为半圆拱券的形式，上层为大方窗洞加立圆柱的形式。

群贤楼初以砖石木结构为主，20世纪60年代初用内加固的办法，以钢筋混凝土全面更换除群贤楼中厅以外五座大楼的砖木楼板。各开间采用次梁联接，增强其抗震性，且不破坏外观造型。群贤楼的中部内廊与两翼外廊在中央入门前厅连接，翼楼两侧以连廊与集美、同安二楼底层的外廊相连，再由连廊与囊萤、映雪楼内廊联通。五座大楼的走廊贯穿始终，近350米长的内外廊道一气呵成，这种用走廊串联不同建筑的形式，适合于厦门地区亚热带多风雨和多日晒的气候，方便各楼之间的联系，很受穿梭行走者的欢迎。

群贤楼群长廊

对于校舍建筑的空间结构、尺度大小，陈嘉庚有自己独到的见解和革陈弥新的想法。在审阅生物院设计图纸时，他对地下层和楼层高度提出了具体的修改意见："示图无言起要建几层，按之依来示要地楼一层，以贮物件。除地楼外，谅再建两层，又云每层高十五尺，此事虽未悉用法如何，弟意无如此两层并高之法。若地楼之高十尺，屋内地面要比屋外高四尺，开深入地作五六尺，浮出地面作三四尺，若九尺或七八尺足矣。若二层为目的科重要之需用，高要十五尺，至于上层除非用途必需要之事，理无与下层并高，至少当减二尺，尚有十三尺矣。凡高度寻普通人亦能知分配，况有已建之校舍可研究，更能精细，亦免请绘师而后定。"白城山教员住宅的建筑，他看过设计图纸，也指出不足并要求改进："前面无围墙，二楼无'五脚气'，恐不甚适妥。如有余地者，门前各间，应加围墙十外尺，俾可栽花布雅。而二层楼前面应加楼下留骑楼八尺为要。来图楼下通巷五尺，若除楼梯至减三尺，仅存可过路二尺，未免太狭窄。"仅举二例，足见一斑。

尊重科学，以人为本，陈嘉庚特别重视学生宿舍的建设。他于1950年准备修复和扩建厦门大学校舍来学校察勘时，指出内廊式建筑不宜用作学生宿舍："关于学生宿舍，博学楼面积近一万尺，墙壁多曲折，虽略美观，而工费加多，且间槅大小不一，将来分配住宿亦有不便。房间以外只有屋内通巷，无其他疏温呼吸及曝晒阳光余地。囊萤、映雪两楼第三层尚有露天阳台，博学楼则全无之，于卫生上不无缺憾，一误不容再误。"陈嘉庚认为："学生宿舍，须建单行式门前有骑楼数尺宽，略如同安、集美两楼之构造，集美学生宿舍亦多如是。按建单行式，每房住四人，全座三十间，三层共九十间。中央及左右设楼梯位三个，其建筑费比双行式须加百分之十左右，但为注意卫生，方不可省。盖大学生每日大半在室内伏案工作，每届毕业不知费政府几许金钱，如卫生有缺，为害匪浅。"

陈嘉庚曾就学生宿舍的建设，写信给王亚南校长："学生宿舍不拟采用博学楼或映雪楼形式，因为光线空气不足，故拟按照集美学生宿舍式样建筑。"信中还着重谈到"回国参观大学多所，大都对学生住宿处所不甚讲究，我校宜注意及之"。至于学生宿舍为何要坚持采用外廊式建筑，在1955年6月11日庆祝新校舍落成大会上讲了他的初衷："学生宿舍为什么要建筑走廊？这是上海等地方所没有的，在十年前我在新加坡有一幢房子有走廊，有时可以在那里看报、吃茶、使房间更宽敞。所以宿舍增减走廊，多花钱为了同学住得更好，更卫生。"

间隔是否合理，无非是能将虚与实、动与静的辩证关系安排好，房间宽敞亮丽，直接影响着学习与健康。正如陈嘉庚所主张的"不嫌粗，不嫌陋，不求能耐数百年，不尚新发明多费之建筑法，只求间隔合适，光线充足，卫生无缺，外观稍过得去"，外廊式结构的芙蓉楼群学生宿舍，就是基于这样的设计理念而建造起来的。

芙蓉第二楼 "走廊"

经济实用建造

在厦门大学校舍建设方面，陈嘉庚有不少关于坚持以"经济"、"实用"为原则的理论与实践。他在校舍建筑中是如何实施"经济主张"和贯彻"实用主意"的？我们可以通过不少例子，透视"嘉庚建筑"特点之一的"经济实用建造"的策略性意义。

当厦门大学创办时，有留学美国者力劝陈嘉庚"如洋人之做法，聘洋人办理"，"意如能建一座洋人之主张，胜我现下建此五座不坚之华工屋也"。他在福州参观了协和大学美国工程师建的备用宿舍，有其自己的看法："若他日则为教员室，其楼大不外两千尺，用灰概取洋乌灰，至其屋之工则工矣，固则固矣，按每方尺非十元之外不得"，"要如洋人之建法，可耐千年不畏火险诸云云，若果从之，不惟乏许大财力，且亦迁延日子，一舍之成，非数年不达。试看协和兴工迄兹三年，所成之屋几何，费项几多，成绩与外观胜我几多，便可明白矣"。陈嘉庚分析了"洋建筑"存在费用太大、工期太长、效果不彰的缺点，曾嘱林文庆校长"万万不可轻听外言"而"取

极坚固可耐百世不坏之旨"。

不过，陈嘉庚还是请办事人员就生物院的建筑算一笔账，"如洋工程师到，可先算依伊之建法，全座若干项"，与自主设计的"相差若干项，如在成万元无妨，若数万元则万万不可也"。他认为"万万不可"的理由是，随着时代的发展，校舍一定会被新的更科学的建筑形式所代替，因此能用三五十年就可以了，"况我已建之屋，若论坚固两百年尚可保有余，若论外观，则比上不如，若比下则过之，何必以有限之微财，而效欧美富豪之用资，岂非不自量乎！不宁唯是，盖当节省之财以供校费，其实盖为何如耶！"

再见一例。学校拟继生物院和物化院之后先建图书馆，陈嘉庚在"不日可寄图来看"和未悉"要建若大，可容阅书者若干人"之前，他给林文庆校长来信建议，图书馆"至多可按五年内足用就好"来建设，并就图书馆的座位设置、建筑面积，作了如下分析："按加五年生额作一千名，而同时往图书馆看书者，至多作二百五十名。若厦门埠距离颇远，又交通不便，外人谅少来看书。

陈嘉庚致陈延庭信函（1923年4月3日）

设有者，料不上三几十名，合计至多不上三百名"，"按每名占位作三十方尺，如百五十名，则四千五百方尺。如建八千方尺之三层楼屋，以中上层供用，每层除容座位百五十名，尚可存二千尺外作藏书室。且余楼下一层作阅报、什志等室。就使人额较多，亦可兼取楼下一切概作看书之用"。他又进一步对"建筑事"与林文庆校长斟酌：第一，"现拟建之图书室，须按他日可作别项用。盖厦大如十年之后，须有正式之图书室，可容坐客以千人，及新式、美雅、坚固之建造。目下不过渐作权用，五六年之后，移入正式楼，则此屋应作别用也"；第二，"现下因短于经济，不能建美丽下屋，且亦乏许多坐客，理无筑许多余位以待久来之

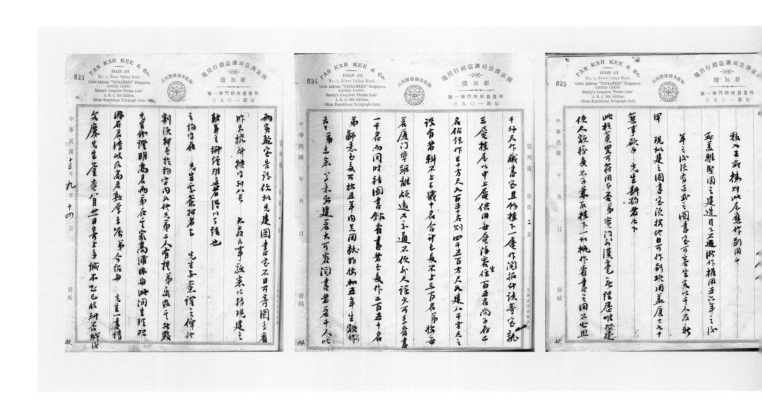

用，是以为渐权，故应造数年内有用之屋，且从省俭起手"。

无论大小事情，陈嘉庚开诚布公，宣称"建筑之费用务求省俭为第一要义"。他就是这么做的：早期建筑群贤楼群时，"红料（即红砖）甚乏，价奖加五"，而石头"加工过打，算来与现时用红料不甚增差"，加之"其石概由山间开取，诸迷信风水者，初颇计较，现已寂静矣"，因此，较之于红砖，石头便宜又取用方便，故"厦大全用白石造外墙"；"未便同意"诸教员的"建新式之屋料即用洋灰包铁条可坚固"的"主张"；反对教员住宅建筑之浪费，"依来图长计234尺，深62尺，合计14506方尺，虽除内中花圃数千尺，亦近成万

尺，仅每座住四家耳。如非图说有误，决无如此巨大之屋费而仅容四家也"；后期的建生物院，"楼板如用钢骨水泥，单水泥一项即须五万美元（约水泥一万包），钢骨架亦相同，共十万美元，如用木板铺砖，约需七万美元即足"，可以少花3万美元，即成了"楼板所以不能用钢骨水泥的原因"。

大者如此，小者亦不例外，生物院开挖基础，"现挑填各处之泥"，"切通知凡些幼者，可就屋场另放一处，不可放弃，买数个大泥筛，将所积之泥过筛，可以再用"；"因有一旧住屋多泉白石要售"，便能省就省地买来充作建南楼前"上弦场阶下讲台三面石"砌筑用料，等等。

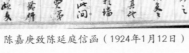
陈嘉庚致陈延庭信函（1924年1月12日）

图书馆建筑设计图（未建）

陈嘉庚曾很中肯地批评过诸教员"住屋要与洋富人比例"的不切实际想法。当生物院和物化院奠基，有部分教员复议"楼枋当用洋灰为固"，陈嘉庚却认为："虽然若诸教员以为在精不在多，则何必两屋三万余方尺并建，若将此二十余万元建一洋灰式之屋大六七千方尺亦何不可？其言固是，然今日如果用我已建之旧式，能阻碍教育与不合教育之用舍，尚有可言，否则，何必期期慕富人之住居华美之屋，我亦效之耶？弟虽门外汉，总是能知厦大之成绩，不在须有洋灰式之屋也。"

然而，在建筑之实用性方面，陈嘉庚向来是十分尊重听取学校教职员的意见和建议的。他在给建筑部办事人员的书信中谈到："如间格之大小，以及某房要若干大，配作何用，某厅若干大，作为何用，要排何项仪具，按容若干之生数，我之大小房屋，皆当靠我实习经验之教员计划规定。"又及："门窗之大小，虽略有定限定，如来书北有光线，方能足用。如此打算，绘师亦不过代主意约若干大。究竟能否敷用，实不如教员平素之经验，互相斟酌，视该房之大小而分配之，定较绘师所绘，尤适于用。"可以说，陈嘉庚的校舍建筑规划设计，吸纳了不少来自于学校教职员的"尤适于用"的实践经验。

陈嘉庚节省实用的建筑思想，在厦门大学嘉庚建筑的前期和后期都是一脉相承的。他常说钱要花在刀刃上，"按年认捐之款，要分配积极扩充之用途，并期规模之不小"。当1924年一度出现"生理实不甚如意"时，有人劝他"将厦大经费缩减一万元"。可是陈嘉庚在"入息之额约供二校之费，并还人之利息，剜肉补疮，无豪利见长，而各扩充之业，多从银行觅来，负债既多"的状况下，没有缩减经费，"若厦大者十未二备，如科学用舍与仪器，全付缺如，其他应设之物亦属不少。兹若遂行裁去，不唯名誉大损，且大学

精神何在？其不同于教会校有名乏实者，无异五十步与百步耳。故对于月四万元，按万三千为经费，余二万七千元为建筑费与设备。虽未能急进，然亦不失循绪之进行，并于预算五年内为小规模之建设，在我国中首称一完备之大学也"，仍坚持提供"厦大一切月按四万元"来保证不影响"用舍"的建筑费。

可见经济上的节省，是在确保校舍建筑质量，提升实用功能的前提下，尽量减少不必要的费用，而并不是一味追求少花钱。就像生物院"窗门要用吊式及玻璃要用大片等事"，虽然"为费甚多，且难于办理"，但是，陈嘉庚则认为，"究竟生物实验室之窗，非用该法建造不可乎？如必用该法方合，若非用该物法则不可合者，势当用之"。

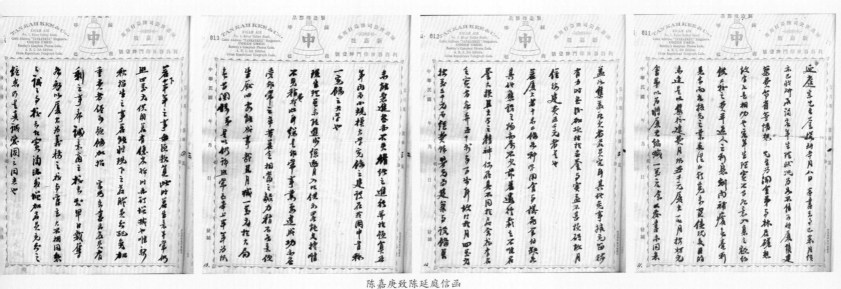

陈嘉庚致陈延庭信函

又像在建设囊萤楼西边的膳堂厕池时，陈嘉庚指示"当比东部之前建稍加修饰，如厕位并地面砖可加开数百元，买花砖埔之，又如浴室亦然"，专门从新加坡买"花砖"寄回来铺设。最好的例子当数芙蓉楼群的建设，其采用外廊式结构，利于通风采光，能为学生和教职员创造"住得更好、更卫生"的良好学习生活条件，即便造价高，也不惜多花钱建造。这正是陈嘉庚在校舍建设中自始至终倡导的"应该用的钱，千万百万也不要吝惜，不应该用的钱，一分也不要浪费"的"经济实用建造"特点中的核心价值观的最好体现。

言至于此，回顾过去，我们不难从中看到，建筑之经济、实用的评判，是以洋工程师设计得是否"实用"、洋建筑材料应用得是否"经济"为条件的，但也不得不承认，归根结底，"财力"才是首要的考量。聆听陈嘉庚写给陈延庭并"乞送校长一阅"的信："吾侨虽富，赞助乏人，而我力又薄弱，以未来之利，任充厦大之费，逐月凑此数万元，已费许多心血，非同富商殷户，现金满库，用之不竭，可以同日而语。既为如是，则厦大之屋，宜以草创将事，能耐至二十年，许时厦大不患贫矣，尽可拆卸，改作较之洋灰或更美妙无比。况现建之料，虽历百年亦不至倒坏耳。总言之，贫人当自认贫，贫而勤俭，终不久贫。愿我厦大诸先生鉴谅。"校主言辞恳切，语重心长，加深了我们对那个年代"经济实用建造"厦门大学校舍的认识与理解。

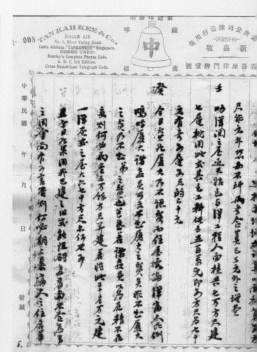

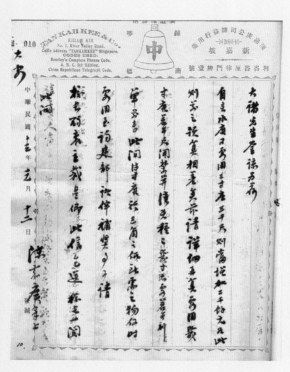

上弦场讲台基石（柜台脚）

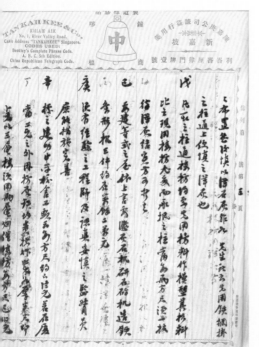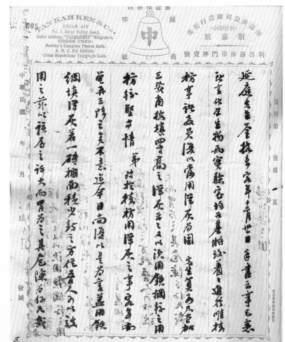

陈嘉庚致陈延庭信函（1924年1月12日）

取用产地物料

对于厦门大学的校舍建设，陈嘉庚一贯主张"凡本地可取之物料，宜尽先取本地产生之物为至要"。"就地取材"，是嘉庚建筑的又一个重要特色。

厦门大学嘉庚建筑，前期主要采用石木结构，即群贤楼群以承重结构的内外墙、柱为石砌，楼板、屋架为木结构构筑而成。后期的芙蓉楼群为砖石木结构，承重结构的内外墙、柱为砖或石砌，楼板、屋架为木结构；建南楼群为石木混结构，竖向承重结构的墙、柱等采用石砌筑，屋架为木结构（建南楼部分为钢），梁、楼板为钢筋混凝土（成智楼为木）共同构造。厦门大学校舍采用石头、红砖、木材、壳灰等"本地产生之物"为主要建筑材料。

石头，在闽南地区有着取之不竭的资源，至迟在北宋建筑泉州洛阳桥时，其开采加工技术就十分成熟。花岗岩坚固耐用，不同的材质经过不同的加工方式，不仅能作不同的用途，而且可以发挥不同的装饰效果。从很早的时候起，闽南便用石头来建造房子了。

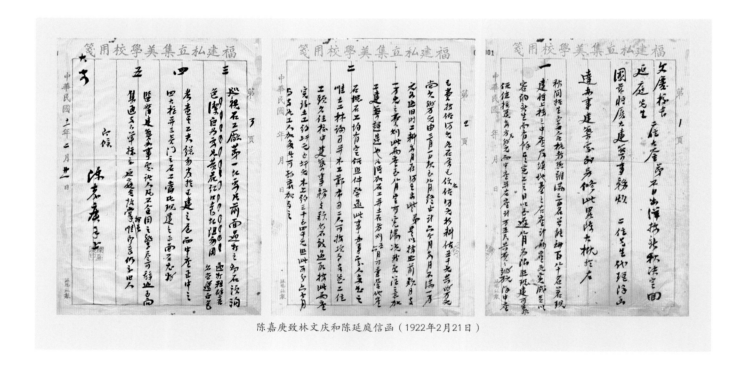

陈嘉庚致林文庆和陈延庭信函（1922年2月21日）

陈嘉庚在选择厦大校址的时候，就已经打定主意，"厦大全用白石建造外墙"，"其石概由山间开取"。他看到演武场"左右近处及后方坟墓石块不少，大者高十余尺，围数十尺"，"乃命石工开取作校舍基址及筑墙之需"，"诸迷信风水者，初颇计较，现已静寂矣"。采用这种被陈嘉庚认为"不但坚固且亦美观"的石材建筑校舍，这里有着得天独厚的自然优势，群贤楼群的石料，基本上是就地开采的。陈嘉庚对于用作建筑材料的石块及石工均定价，"照件发还"，对石料的材质、色泽则提出要求，"巡视石工厂第一切要，凡前面过打之幼石须淘色洁白为要，如黄花、红口色，切阻勿用。过打粗壁石，亦当选白色"。因此，群贤楼群的五座大楼均为细加工的白色花岗岩清水外墙面。

　　早期建筑采用的石材还开采于今芙蓉第四楼后面的不见天山，以及顶沃厝山和蜂巢山。后期为了应付建南楼群、芙蓉楼群大规模校舍建设的需要，陈嘉庚指示"打石司须从近处之石先开琢"，除在附近的花岗岩产地海沧吴冠、后溪沙美及高崎、刘五店、董任等地开办多家石料厂外，进一步"极力再寻有较多大之石山"。他不仅过问条石"由开石山运到芙蓉楼工资米几斤"，而且定期到各石料厂去现场解决问题，有时还亲自坐小帆船到岛外新坡等地方"办理一些石料"。

群贤楼群白色花岗岩清水外墙面

红砖，用于闽南建筑可谓历史悠久，宋代房屋遗址出土的模印花纹红砖质量便已经达到了高超的烧制水平。用闽南本地稻田泥土做砖坯，以斜向交叉错层堆叠入窑煅烧，柴火焰熏的露空部分形成的红黑相间的规律性砖面纹理，独有的色泽，温和自然，永不褪色，被称之为"烟炙砖"。这种红砖隔热保温，结实经用，物美价廉，明代以来，一直是闽南建筑的优质乡土材料，经久不辍，广泛地为民间所乐用。烟炙砖在厦门大学早期嘉庚建筑中少见使用，而大量应用于后期的校舍建筑。芙蓉第一、二、三楼，以及国光、丰庭、成伟楼群用量最多，在建南楼群的南安、南光、成义、成智楼和芙蓉第四楼则主要用作装饰。

最引人注目的是覆盖在西式建筑上的屋面瓦，其采用进口的铜制模具和压模机，依靠手工操作，用红壤为原料，撒水和泥，模印瓦坯，自然风干、修边入窑、起火煅烧，以毛草为主要的燃料，经过1000度高温的个把月的煅烧，再需大概一个月时间的冷却后出窑取瓦。这种按自己的统一规格要求生产的橙色的大瓦片，色彩特殊，大方稳重，抗风力强，隔热、保温性能好，铺设操作简便，由于在"嘉庚建筑"上大面积使用，人称"嘉庚瓦"。

陈嘉庚创办集美学校以及厦门大学，从一开始便选择了九龙江畔的石码严溪头、大沙洲"开设砖瓦厂，自制砖瓦，以供校舍建筑之用"。这里盛产优质陶土（附近的观音山），特别适用于制作"红料"；水运交通十分便捷，砖瓦出窑、装船，不久就可以顺水运到厦门。1926年修定的《集美学校建筑部规程》特别规定，"农林、石码两窑均归本部管理"。其附则"农林、石码两窑规约"记述：石码窑所有职员直接由建筑部指派，设管理司柜、簿记各1人，窑中工人即由该职

严溪头窑遗址

嘉庚瓦

陈介二老师傅把50年代初瓦窑复烧时使用的手工压
模制瓦机和铜质瓦模具捐献给陈嘉庚纪念馆（2005年）

建南大会堂"嘉庚瓦"屋面

芙蓉楼群红砖清水外墙面

员审慎雇用；所有产品除为建筑部应用外，可照营业市况出售；每届月终，须将该月内收付结算制成表册连同一切单据报告建筑部。

1950年陈嘉庚回国定居进行厦门大学和集美学校新一轮的建设，即于年内两次致函当地窑匠陈海清"请查修理旧窑事"、"嘱查修理砖窑及出货情形"，并设"石码厦大集美办事处"，让"石码瓦厂"重启生产，为厦门大学和集美学校大规模的校舍建筑供应"嘉庚瓦"和"烟炙砖"。校主十分重视石码砖瓦的烧制，曾多次"往石码视察本校瓦窑"，亦常就便在窑工家里用餐、休息，至今当地还传颂着他老人家平易近人的感人故事。

木材，盛产于福建，特别是闽西北的原始森林茂密，为从来都是中国古代建筑主体的木架构建筑，提供了丰富的材料。厦门大学校舍建筑使用的大量杉木，主要采买于福州，部分购自厦门煤建公司、木材公司。后期建筑之"厦大需用杉木事"，曾通过王亚南校长"与军管会商酌特许本建筑部有优先权"，"办妥手续"进行采购。往往因为杉木价格波动，则视轻重缓急，随行就市而购买。如陈嘉庚写于1953年5月17日的来信称："福州来函告杉价自九日升价，小支加五左右，大者约加二三，在厦如急用角才（椽条），若煤建公司有货，先买少可应用。"又如6月16日信，杉料"平均每月须二亿元，兹如非急切必需要切勿买，我已函查福州，如价较宜，拟从省买来"。正因为杉木用量多价差大，他常信示厦大建筑部"杉料且勿买，待不日我到厦打算"，尔后再确定选购。

作者采访严溪头瓦厂陈介二老师傅

作者采访大沙洲瓦厂陈军子老师傅

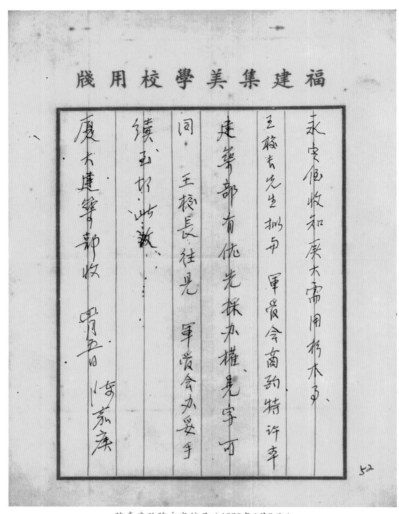

福建集美学校用牋

永安侄收知康大需用杉木，王校长先生拟与军管会商劲特许率建筹部有优先采办权见字可同王校长往见军管会办妥手续玉邰邺欤厦大建筑部郑收四月五日陈嘉庚

陈嘉庚致陈永定信函（1952年4月5日）

　　壳灰，在水泥出现之前，是闽南应用了千百年的建筑材料，主要用于砖石叠砌勾缝黏合、座浆砌筑，及涂抹墙面和灰塑装饰等。"壳灰"以沿海盛产的蚝即海蛎壳为原料，制作工艺简单，设窑堆烧。先铺上一层稻草，作为引燃物，接着按一层煤末一层海蛎壳的顺序铺上若干层，引燃稻草开始焖烧，用鼓风机助燃，持续四个时辰。停火后挖出铺开，均匀适量泼水，快速搅拌堆拍沃化，数分钟后海蛎壳自然变成粉末状，再用竹筛去掉杂质，便成建筑用的壳灰。陈嘉庚在厦大工地办壳灰厂，向民间收购海蛎壳入窑烧制。"蚵壳由船中挑到灰窑"，以"每百斤工资米几两"付酬。由于壳灰使用得多，需要大量烧制，曾经一批次就买"烧灰土炭三四吨"，用船运到灰壳窑。

　　除此之外，还有如芙蓉楼群等外廊的绿釉葫芦栏杆由晋江磁灶的陶磁厂烧制，琉璃筒瓦向安海复兴栈等订造，生桐油购自温州，油漆料由上海集友银行办寄等。重用本地物料，亦非一律排外。西方建筑技术的东渐，嘉庚建筑也部分地采用了西方的先进材料。如"洋灰"、"补强钢根"、"铁料"采买自广州、汕头，也从南洋、香港进口美国制造的五金、工字铁等。

陈嘉庚对本地建筑材料的重视，不只是在厦门大学校舍建筑中的全数取用，亦曾注意到"闽南可兴之事业，以就较容易办到而言，如石码制砖之土，安溪烧灰之石，两项均取来寄往欧洲化验，咸称为上品原料"。他设想用集美学校的名义，成立"集美砖瓦厂有限公司"，在石码建砖瓦厂烧制瓦片外销南洋；并同时提出在安溪湖头办水泥厂，改变福建没有生产水泥从国外进口的困境，后均因抗战爆发厦门沦陷而使计划无法得以实现。

在这里举例而要说明的，首先是陈嘉庚想设厂烧制砖瓦出口，要与"南洋所销洋瓦，月数十万片，概来自欧洲及印度"竞争市场，揭示了他对地产物料质量的把握及其选择采用的正当性；其次，陈嘉庚积极拟办水泥厂生产"洋灰"用于建筑，这与他不进口"钢筋水泥"构造校舍的矛盾，更突显了其之所以坚持"用料决当取我宗旨为第一要义"个中的"省俭"才是真正的"第一要义"。

结合国情和地域条件，选择应用地方性材料建设厦门大学校舍，陈嘉庚充满了自信，在1955年6月11日晚于建南会堂举行的庆祝新校舍落成大会上，他兴味盎然的讲话，"旧的房子都不是钢筋水泥的，这样坚固又省钱"，赢得了满堂的热烈掌声为其喝彩。

绿釉葫芦栏杆

闽南匠心工艺

　　可以说，经眼的有关厦门大学嘉庚建筑的大量资料为我们塑造了这样一个形象，陈嘉庚犹如一位闽南传统建筑中的"做柴司"，即通常被民间尊称的"执篙师傅"，是集设计、监造、估料、鸠工、施工于一身的统筹建筑营造的决策者。建造厦门大学校舍，他选择了闽南工匠，招用更多的是来自于享誉"传统建筑之乡"的惠安师傅。

　　厦门大学嘉庚建筑，是这帮闽南地方的"做柴司""土水司""打石司"，以简练而娴熟的操作手法，平易而精湛的施工技艺，用土刀灰匙（泥匠）、斧头凿子（木匠）、铁锤錾子（石匠），一木一石、一砖一瓦建造起来的。每座建筑，无论屋顶、墙体、基础，还是整体、局部、细节，无不展示其严谨、精致的恰到好处，无不体现其实用、美观的独具匠心。

石作（建南楼）

砖作（芙蓉第二楼）

木作（群贤楼）

石作。厦门大学嘉庚建筑，石头用料最多，主要是墙体、台基等。外墙体施工有密缝座浆砌筑和垫片座浆砌筑两种，前者将条石的每面打制成平面，避免接面不均，使之全面接触，密缝封浆叠砌；后者石条四面加工平直，上下层隔二三厘米，在两石缝间垫支石片，填充灰浆，凹缝抹平逐层砌筑。室内墙以杂石块甩浆垂线混砌，外表面抹灰拉平。群贤楼和建南楼的主体均为密缝座浆清水白石墙面，石块加工细致，表面平直，边角整齐，砌体接合处灰缝密实，整体感强。其他楼的墙体除芙蓉第一、二、三楼等的立面外，全部采用"粗砾已足"的条石，还有如廊梁壁柱、楼梯踏步、门窗台楣、线脚阶基，也用石材打制与砌筑。

"打石司"分两个工种，即"开石"为开采石料者，"砾石"即构件成品加工者。一般工程任务在《江声报》和《厦门日报》登载三天招工投标广告，中标者采取"工头"承包负责施工。据载，后期建筑中即使在"景况欠佳之时"限定打石工人数，现场仍保持有五组300人，每星期支付工资近7000万元。芙蓉楼的"石通"（梁）、栏杆、"柱盘"（柱础）由四个"工头"分四组负责"砾成"。雇用工都来自闽南，担当工头的则多惠安人。陈嘉庚对于工匠，会根据重要建筑部位的装点要求来严格招用，在建造群贤楼"正中之四大柱并三大圆门"时，他不仅要求要比现建的同安楼"正面石尤好"，而且对招来的工匠要"考查其工夫，总勿劣于已建之屋"。如今看群贤楼中央正立面经精细打磨密缝砌筑的花岗岩墙体，四支各由八块花岗岩拼接而成的贴壁大柱，以及白色花岗岩和辉绿岩线条相嵌的拱门，我们会为这一陈嘉庚的执著用心和石匠的高超技艺之结晶而由衷地赞叹。

与群贤楼群相比，建南楼群的石料应用和加工更加考究。本地工匠通过对设计图纸及其西洋建筑的学习与观摩，结合传统的石材加工技术，准确打制、雕刻出各种形态不一的精美西式建筑构件。为了使石头构件的打制雕刻达到磨平抛光的效果，陈嘉庚特地向广州联成行托买一种当时称为"和兰石"的"可磨白石或青石使之光亮"的磨石，来作为加工之用，并不惜给两位为主工头"开贴他各人二百万元工具费"。

群贤楼门面石雕装饰

成义楼青石楼名碑额及雕刻

映雪楼山墙

山墙石雕装饰

建南楼门廊石窗

上弦场石阶及讲台

以岩石色彩的不同、粗细加工的不同、组砌方式的不同，创造出不同的体式格局。建南楼的壮硕饱满颇具西方古典建筑神韵的门廊大柱、镶嵌辉绿岩半圆凸状框线和龙虎浮雕券心石的入厅拱门、不一样造型的雕刻别致花纹图案框罩的大窗，就那么不加掩饰地洋溢着一派西洋建筑的简洁明快、素雅大方的气息。

上弦场题名碑刻和建南楼石砌门面

建南楼拱门楣心石雕刻

建南楼大门装饰

建南楼门廊石柱

芙蓉第二楼外廊砖柱

砖作。大量使用红砖为材料的是后期建设的芙蓉第一、二、三楼，以及国光、丰庭楼群和成伟楼等。利用烟炙砖的自然纹理，结合巧妙构思的砌筑形式，将"闽南红砖文化"发挥得淋漓尽致。勾缝灰浆饱满、横平竖直规范的红砖清水墙，使建筑立面形成独特的装饰效果和韵味。应用红砖的线条凹凸横竖变化砌成窗的框罩，在楼的白石墙层际和屋檐下用红砖挑出叠砌装饰线，以红砖白石结合砌筑各种不同的造型衬托辉绿岩楼名碑石，以及西式山墙上的红砖白石相嵌装饰，凡此等等，不一而足。

一定的建筑形式，只有通过一定的建筑技艺才能得以表现。芙蓉楼群红砖的采用，意味着闽南建筑传说中源于皇帝赐造的特有的"皇宫起"风范，那正面红砖卷柱外廊，绿釉瓶栏杆，却传递着浓郁的异国情调。红砖外墙依然鲜艳，西式拱廊依然气派。"五脚气"的砖柱撑起一道长长的走廊，明媚的阳光毫无遮拦地倾泻而入，穿过廊道，爬上砖墙，射进房间，这就是陈嘉庚所理想的"光线充足"的学生宿舍吧。

芙蓉第二楼外廊

木作。木结构建筑从来都是中国传统建筑的主体，厦门大学前后两期的校舍建筑，都以木结构为主的结构方式作为楼房的承重结构。所不同的是，除群贤楼和建南楼主楼外，包括群贤楼两翼在内的全部校舍建筑均采用石墙承重的西式木桁架屋架。

群贤楼的闽南式大屋顶直接置于西式墙身上，室内立八支砖混圆柱承接七架梁木结构体系。与外观相比，群贤楼三楼室内美轮美奂的装饰艺术更加引人注目，堪称一绝，是厦大嘉庚建筑的一个最大亮点。这里，斗拱与狮座、通随与束木、雀替与瓜筒等构件，槁扇与壁堵、门楣与堵头也一样，都进行了或多或少美的雕施。经过工匠的巧妙加工，雕琢者式样造型生动活泼，施色者鎏金髹彩清新自然，可谓画梁雕栋，镶嵌恰处，丰富而多彩。值得一览之处还在于，通随木雕上的历史故事，将跳跃于书卷的文字逼真地呈现在方寸之间；束木彩绘中的野趣小品，把重拾于乡间的情景活生生地展示在笔墨之端。更让人诧异的是，匠人还自作主张地在雕刻彩画里写下"人在春风，有酒不嫌终日醉；生逢盛世，无钱亦得一身闲"的词句，民间工匠之"匠气"跃然其上，校主当年所见，一定是"出处未可必，一笑姑置之"吧！

精雕细琢成就了古典之美，诗情画意美化了整个空间，群贤楼建造有度的恢弘规制，装点适宜的靓丽修饰，不但具有外在的形式之美，而且还有不同的人文内涵，它们是传统艺术中不可或缺的最精彩部分。置身于三楼，历史的厚重感挥之不去。很有意思的是，有人把一些嘉庚建筑的"梁檩桁柱不油漆"，说成是陈嘉庚为了防止滋生白蚁而严令工匠不准作为的结果。姑且不论群贤楼梁架的涂金施漆，殊不知没上漆在闽南民居中是最通常的一种做法，作如上解读，反而重重地伤害了嘉庚建筑之本义。要说嘉庚建筑采取防蚁措施，听如陈嘉庚这样告诉我们："有的房子从下面看上去不美观，没装天花板，是为了可以流通空气，不容易生白蚁。"

木料用于建筑，无论是作梁架，还是铺楼板，若含水过多不够干燥，质地柔韧抹泥承重后容易变形，会给工程造成隐患。陈嘉庚监管十分严格，对刚从福州采购来的木材，要求"各枋分开叠高，不可堆积不干，叫工赶作。甲，井字形叠高八九尺，每井字形须距离十余尺；乙，人字形最好，此人字形但有架木倚靠。现无架木，可作井形，各枋分开，要使多受风日，至十分足干，切切勿急安钉"。哪怕是一个局部的工序，均非经过他同意不可，谁也不敢擅自做主。在芙蓉楼建设时，有一次，他对工匠使用木料及其方法不放心，当即提出"楼枋停止勿铺钉，待我到厦看其作法，然后工作"，第二天赶到现场，与工头商定办法，指导他们施工。陈嘉庚的一丝不苟，保证了工程的质量。

群贤楼三层中厅梁架装饰

群贤楼三层前内廊梁架装饰

群贤楼三层后内廊梁架装饰

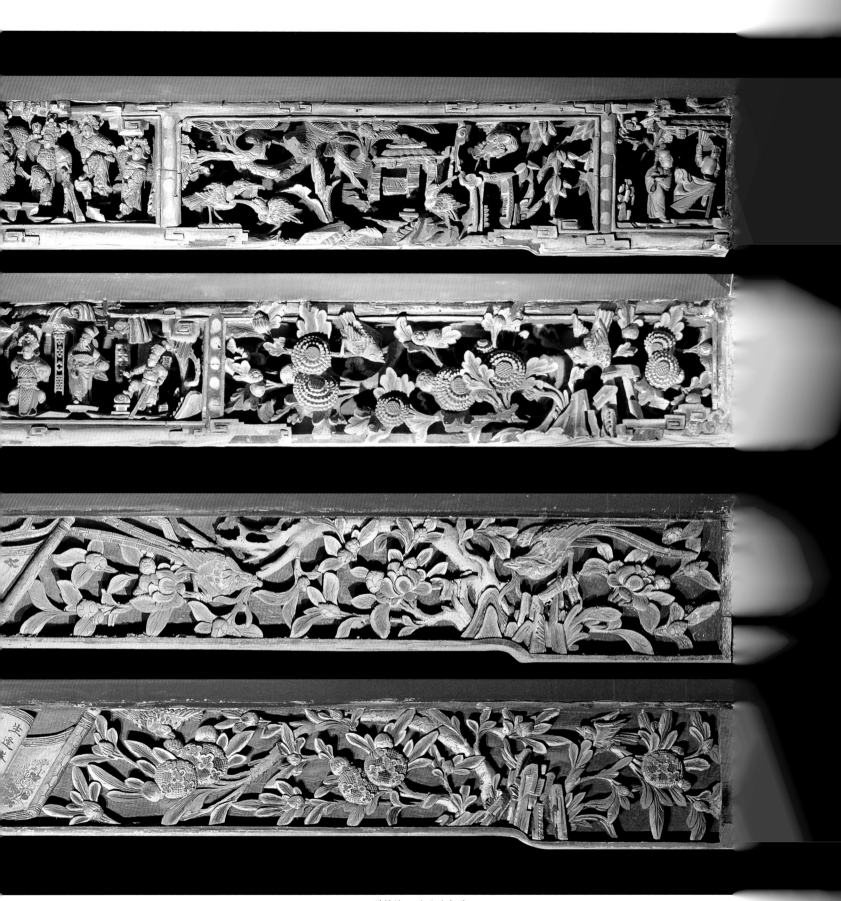

群贤楼三层通随木雕

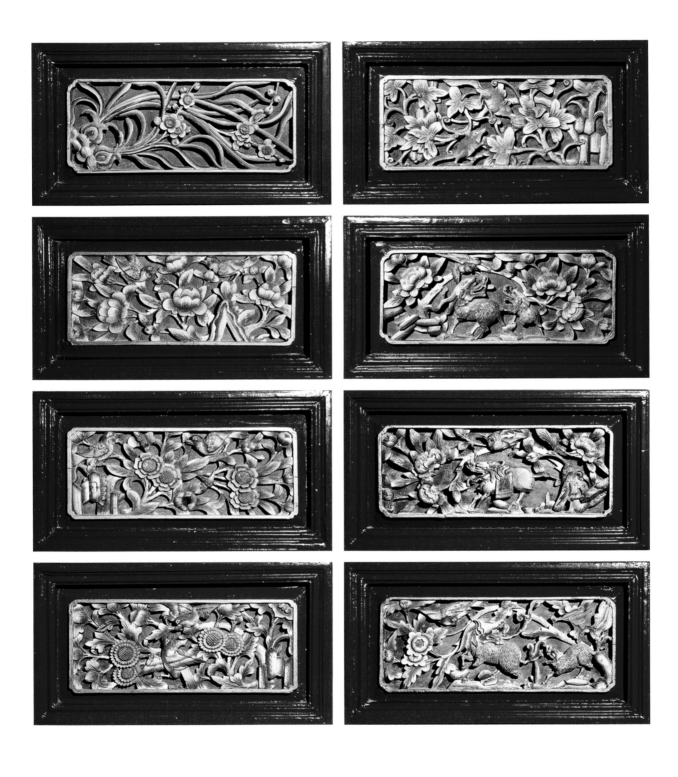

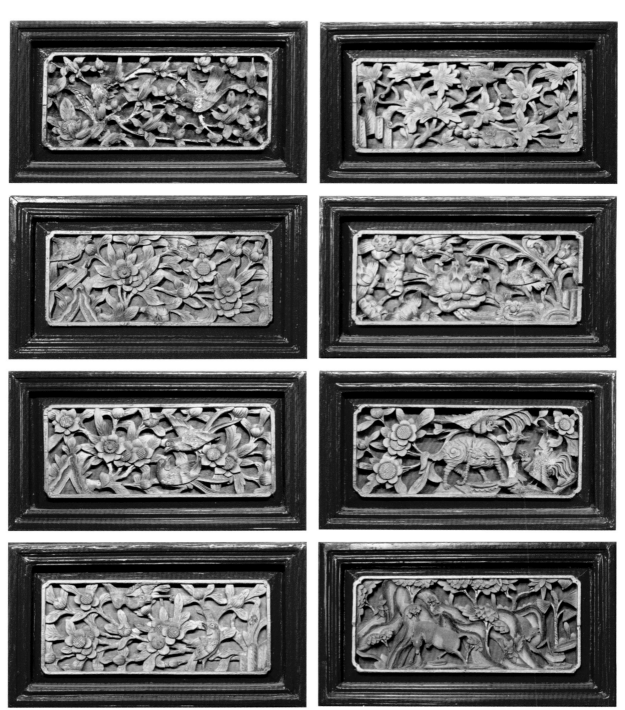

群贤楼三层隔扇、门堵板雕刻

群贤楼三层隔扇、门堵板雕刻

群贤楼三层梁架彩绘

群贤楼三层梁架斗抱装饰

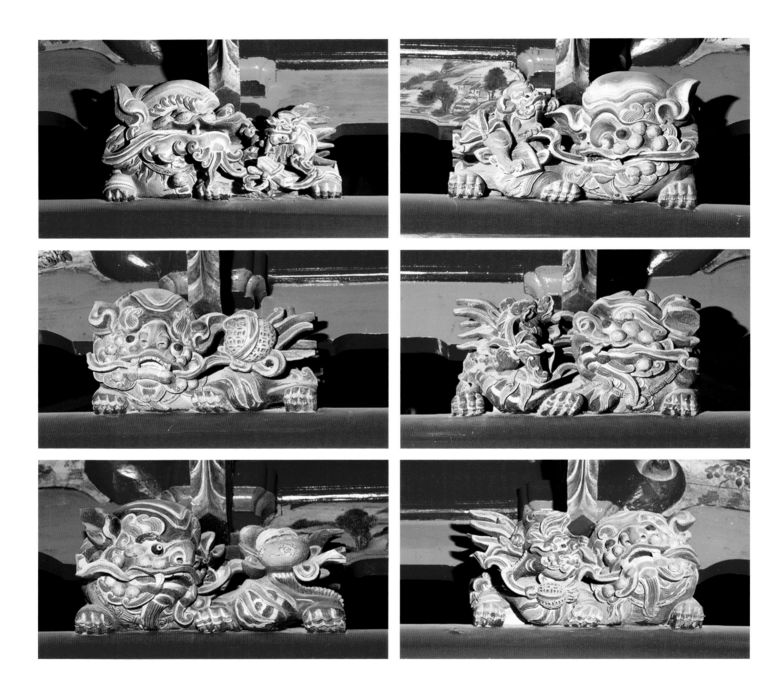

群贤楼三层梁架斗抱装饰

陈嘉庚征召闽南工匠并充分发挥他们熟练的传统建造工艺完成了厦门大学前后两期的校舍建设。这帮具有闽南传统建筑"皇宫起"的施工技艺"班底"的能工巧匠，他们当中不乏"精英"者，如前期"久任校中建筑事务"的"土工林论司""木工郑布司"等。最为突出的是惠安籍"土司"杨护法，他不仅仅是个富有施工经验的"工头"，更是一位出色的建筑设计师。厦门大学嘉庚建筑中的佼佼者芙蓉第二楼，就是在陈嘉庚的具体授意下由他绘图设计的杰作，有记载为证，"护法司付来芙蓉楼图可取，兹可送他设计费五十万元，该图付去

可交刘工师照其体式建造，或另绘同体式较佳之图样，以备建筑亦可也"。这是陈嘉庚于1952年6月11日给建筑部主任陈永定的来信，芙蓉第二楼于1953年11月告竣。

粗糙的工匠双手与漂亮的校舍建筑，是陈嘉庚这位"执篙师傅"把两者联系了起来，是闽南民间工匠娴熟利落的工艺技术、积淀丰厚的营造实践经验，成就了"厦门大学嘉庚建筑"。虽然，这些工匠们能留下的记录仅是只字片语，他们的面容已日渐依稀，身影已日渐远去，但他们为厦门大学校舍建设作出了不可磨灭的贡献，是今天的我们不该忘记的！

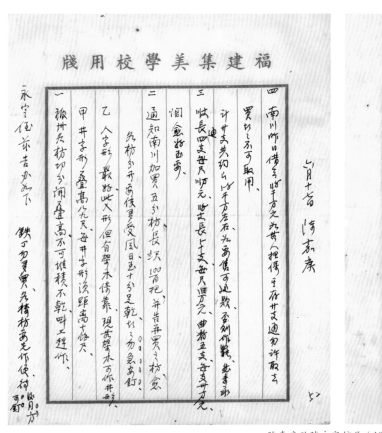

陈嘉庚致陈永定信函（1952年）

群贤楼"民国十一年""壬戌"建筑纪年彩绘

建筑风貌，是建筑实体形态的反映，审美观感的涵括。以中国传统建筑形式为基础，西方近代学校建筑功能为诉求，在"现代建筑思潮"的影响下建造起来的厦门大学嘉庚建筑，"中西合璧"是其最基本的，也是最显著的风貌特征。

屋顶是建筑造型中最主要的部分，不仅为建筑在美观上增加了不少神韵，而且对建筑物的风格也起着十分重要的作用。嘉庚建筑的屋面，最具典型意义的是群贤楼，主楼三层重檐歇山顶、翼楼二层歇山顶建筑，闽南传统民居的"三川脊"大屋顶，主次分明、高低错落，富有节奏感。正脊均为燕尾脊，嵌砌花格，灰塑兽纹，并用不同花饰的抹灰边条，增添屋脊曲线和起翘的造型之美。戗脊尾端施以灰塑彩绘卷草高高扬起，尤其是垂脊牌头的燕尾造型，在双坡屋顶上舒展对立，与正脊构成六对燕尾，这种追求对称为佳的创建，给人以别样美的视觉感受。

2011年修缮后的群贤楼屋顶

群贤楼屋檐宫灯垂（吊篮）和戗脊卷草

屋面铺设红色板瓦（仰瓦），两道板瓦间覆盖绿色琉璃筒瓦，密密的瓦楞红绿相间，倾泻而下，檐口的筒瓦陇端饰刻印牡丹花图案的圆形琉璃瓦当（掩目），板瓦槽端饰以刻印双龙抢珠图案的三角形琉璃滴水（垂珠）。山墙采用木板封钉后抹灰的构造以减轻墙体的重量，灰塑如意祥云、狮首草龙、书笔花篮等传统纹样构图装饰，寓意深刻。屋檐下装饰华丽的木雕宫灯垂（吊篮），

色彩艳丽，更渲染了闽南式大屋顶的美感，营造出民间张灯结彩充满喜气的空间氛围。这是陈嘉庚要求一定要安装的。

群贤楼三重飞檐翘脊的绿色琉璃瓦大屋顶，动静交替，虚实相济，柔和雅致，就像一顶轻盈而美丽的冠冕。屋顶上几乎找不到一条直线，以曲为美，统一追求着形象的向上腾起的飞动之势，这也许就是闽南民间的燕尾脊指向苍穹隐喻"通

天接福"之象征吧。

同安、集美楼，以及芙蓉第一、二、三楼和建南楼前部的屋顶，采用的是一样的闽南"皇宫起"大屋顶的做法。嘉庚建筑的平面多呈一字形，屋顶很长，因此较多地借鉴"三川脊"、分脊等手法，使屋顶增加变化，减少过长屋面的单调感。但是，像群贤楼主楼屋面采用三川脊、建南楼屋面采用断檐升箭口，在闽南传统建筑中的

大殿正脊极少见用，一般也只用于大门的屋顶，三川脊的做法也很少使用于歇山顶上。值得特别关注的是芙蓉第一楼和芙蓉第三楼的两端前凸部位的屋面从简处理，并在三条脊带交汇点上饰以灰塑龙首，而且芙蓉第一楼中间屋顶两侧的前后垂脊上也各添加了一对龙头作为装饰，这在闽南传统建筑中十分罕见的屋脊做法，赋予人们太多的想像。

芙蓉第二楼屋面脊饰

芙蓉第三楼屋面脊饰

芙蓉第三楼屋面脊饰

芙蓉第一楼屋面脊饰

屋身打破中式"墙倒屋不塌"的梁柱式结构体系的特点，采用墙壁不只作间隔之用而承受上部屋顶重量的建筑构造。以砖、石为主要材料实砌墙体，在装饰及美化上有着较为特殊的表现。墙面以及门窗柱、墙柱，往往依据用材与部位的不同而加以处置与装饰，极大地丰富了屋身的形象，呈现浓烈的"西风"气派。

　　陈嘉庚对厦门大学校舍建筑的墙体部分的打点也很注重，民间工匠对于各种西式建筑的新鲜玩意则有着极高的热情，无论大节还是细处，与功能结合，尽量营造西式建筑的气势。即便不着眼于那建南楼门廊的石雕巨柱、群贤楼立面的立柱拱门，也能见到不少建筑部位的出彩之处，在群贤楼安装调节光线的西洋百叶窗，在双坡屋顶因梁架抬起过高在山墙开设圆形、圭形或半圆券形窗户有利通风，在楼的山字形平面凸出部位的屋檐上起盖各种造型的山墙等，更耐人寻味的是创造性地表现在建筑转角隅石和立面壁柱的装饰方面。建筑墙角以花岗岩作隅石，旨在起到加固和突出的作用，一旦赋予装饰，即成了能工巧匠大显身手的地方。他们将西方隅石的做法和闽南当地的砖石文化相结合，创意十足地应用在芙蓉楼群、建南楼群等建筑上。

建南楼 "中西合璧" 造型

群贤楼百叶窗

建南楼前立面

建南楼群山墙

芙蓉楼群山墙

芙蓉楼群采用的是后来被民间俗称为"蜈蚣脚"的做法。自楼的花岗岩基座腰线以上直至屋檐，平嵌线内转角以统一规格的长短两种"蘑菇石"交叉叠砌，短石块的留空部分镶入三层砖与长石块补平取齐，形成角峰白石连续不断，两侧砖石逐层交替的形态，状如蜈蚣，故而得称。

建南楼群的隅石与芙蓉楼群的做法不一样，采用的是嵌入法。转角以蘑菇石叠砌形成清水柱式，柱面中间嵌入红砖，通过砖石的逐层互为进退组成上下连贯图形。南安、南光楼的转角隅石仅在立面嵌入红砖，图案繁缛别致，用砖不惜工力。成义楼、成智楼转角隅石两面均嵌红砖，构图比较简单。成义楼作为不分前后的两面建筑，其转角隅石都做了嵌砖装饰。如何美化砖石的拼砌样式，陈嘉庚曾指示建筑部，"成义楼后面各柱，其角头石不要同前面之样，决要如延平楼之样，系如芙蓉楼之角头石，唯彦只在中间，两边均有角头石"，至于砖石搭配的尺度，"柱石切新打如芙蓉楼角石之样，及其厚并用彦只三块为至多"。陈嘉庚的审美意趣直接影响着校舍楼群隅石的装饰。

建南楼群砖石拼砌隅石装饰

芙蓉楼群砖石叠砌隅石"娱公脚"

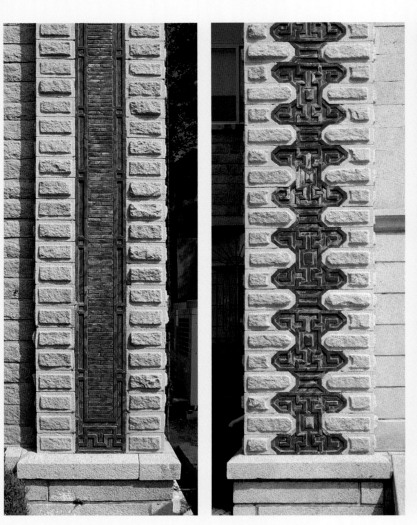

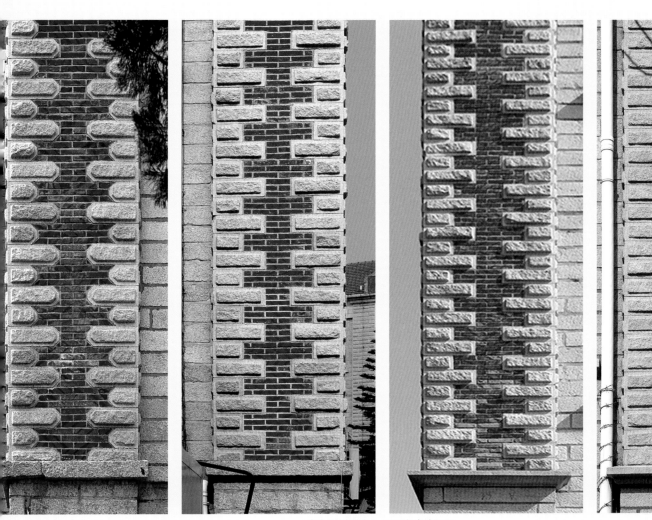

建南楼群镶嵌红砖图案装饰隅石

红砖与白石拼砌，石头作为面、点，而砖缝作为线，这种点、线、面的组合，形成变化多样的规则构图，展示了西洋的几何形、图案式应用的装饰美。砖与石两者表面所呈现的色彩和质感的对比，无论是砖与石的明暗强烈反差，还是红与白的色彩和谐共融，体现了红砖文化的别具风格。砖石并用，刚柔相济，融中西建筑文化于一体，古意盎然中焕发出清新悦目的视觉效果，增添了建筑整体外观的艺术美感。红砖白石拼砌隅石的形式，这种来自西式建筑的做法，让闽南工匠在嘉庚建筑施工中应用，并将其发挥到了极致，成为近现代中式建筑的奇葩，若硬将它与闽南古早时的所谓"出砖入石"扯上，那未免太牵强附会了。

早在建筑校舍之初，有些人以为群贤楼、同安楼、集美楼的屋盖采用宫殿式的绿琉璃瓦来建筑，是"洋房子戴中国帽子"，不相配称，但陈嘉庚旗帜鲜明地表示自己的观点，"一个民族，抹杀自己民族传统建筑形式，而只求模仿洋化的道路，埋没自己民族文化的建筑艺术，是没有国性，是不应该的"。可以说，嘉庚建筑是他坚持的"无论走哪条路，亦须保留我国文化，乃能维持民族精神"的一贯立场的直接宣示。

可是，人们往往认为嘉庚建筑，是陈嘉庚"用中国屋顶压制西方屋身来舒畅国人在海外饱受压抑的心情"。这种狭隘的民族主义观念和躁动的民族主义情绪，无疑与陈嘉庚的弘扬民族精神和学贯东西文化的高尚境界无关，也扭曲了嘉庚建筑的历史文化意义。建筑被称为有形的历史，不仅仅在于形式的表现，抑或风格的彰显，更重要的是其背后所反映的特定的历史风貌和所蕴含的鲜活的人文精神。嘉庚建筑，也不是所谓"穿西装，戴斗笠"描述的那么简单，随着时代的演进，人们对历史的认识，将不断地产生新的意义。

人们总是以陈嘉庚非"科班"建筑师来突显他的"专业"，也许正因为此，陈嘉庚凭借丰富的生活履历而厚积的经验，形成了自己独特的建筑思想和设计理念，造就了嘉庚建筑的民族性、地域性和"南洋风"。厦门大学嘉庚建筑，屋顶遵循闽南建筑传统，屋身仿照西方建筑模式，但没有闽南传统建筑法度与西方古典建筑美学的制约，构成了一种不土不洋、亦中亦西的新风格。

近现代以来，随着西方文化的东渐、科学技术的发展，以及人们审美情趣和文化心理的变迁，20世纪的中国建筑产生了很大的变异，具有西方色彩的建筑形式开始在各地的各种公共建筑中出

现。厦门大学嘉庚建筑，折射出陈嘉庚在特定的历史时期和特定的环境中既固守中国传统又汲取西方文化的"海纳百川、博采众长"的胸襟和观念。她，是对故土的眷恋和对异国的情愫通过建筑而在这里的永远凝固，是侨居国的建造设计风格融入本地传统建筑艺术而形成的中西合璧。

为什么非要说她是一种矛盾一种冲突而不是一种融合一种共生呢？这或许是当下建筑设计与人文研究的观点差异吧！不管怎么说，她应该有新的演绎：如果是矛盾是冲突的话，那么嘉庚建筑则有着体现于表象与内在的中西文化的"碰撞"之美；如果是融合是共生的话，那么嘉庚建筑则有着体现在广阔与包容的中西文化的"和谐"之美。碰撞也好，和谐也好，是来自于自然的人文关怀与先进的思想观念、独特的风格与精湛的技艺的有机整合，遂使厦门大学嘉庚建筑，形成了中西合璧风貌的无限魅力，体现了超越文化而永恒的精神气质。

厦门大学嘉庚建筑所诠释的，不正是《厦门大学校旨》开宗明义提出的"本大学之主要目的，在博集东西各国之学术及其精神，以研究一切现象之底蕴与功用，同时并阐发中国固有学艺之美质，使之融会贯通，成为一种最新最完善之文化"的最先最好的实践吗！

■ 陈嘉庚风格建筑，在近代建筑历史上有其不可磨灭的地位，今后要列为文物来保护它。　——陈从周

嘉庚建筑采风与撷秀

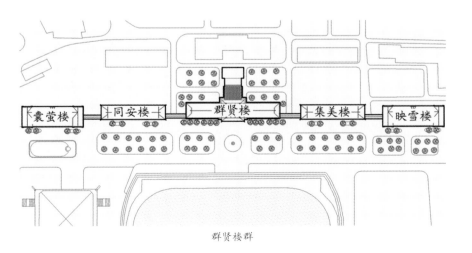

群贤楼群

群贤楼　1922年5月建成。石木结构，三层，面阔74米、进深30米、通高21米。占地面积1334平方米、建筑面积2844平方米、使用面积1843平方米。造价9.5万元（银元）。取意于晋代王羲之《兰亭集序》"群贤毕至，少长咸集"，楼名"群贤"。校长林文庆书名刻碑。初作会堂、教室，现为厦门大学校史馆（一层），陈嘉庚纪念馆、厦门大学校园建设规划馆（二层），厦门大学合作交流礼品展馆（三层）。

林文庆书楼名碑刻

群贤楼

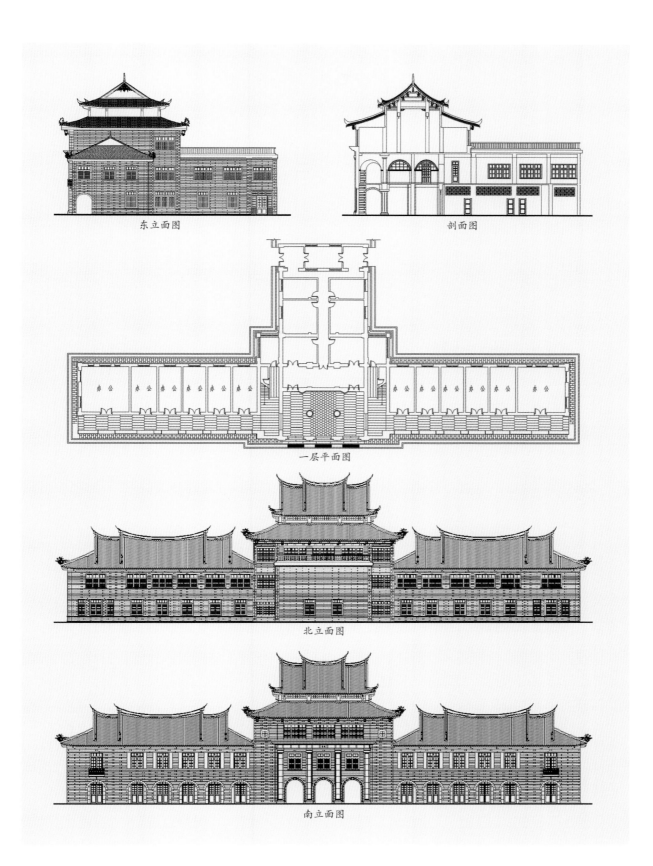

东立面图

剖面图

一层平面图

北立面图

南立面图

同安楼　1922年3月建成。石木结构，二层，面阔50米、进深11米、通高11米。占地面积535平方米、建筑面积1137平方米、使用面积698平方米。造价3.2万元（银元）。取意于厦门大学区位地名同安（厦门原隶属同安），楼名"同安"。初作教室，现为外文学院行政、教学、科研办公用房。

同安楼

西立面图

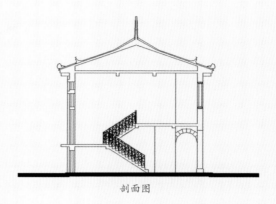

剖面图

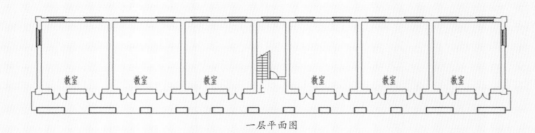

教室　　　教室　　　教室　　　教室　　　教室　　　教室

一层平面图

北立面图

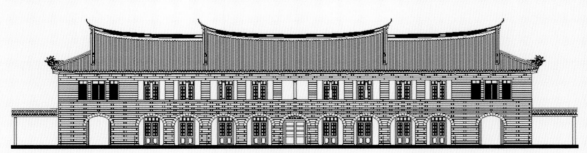

南立面图

集美楼　1922年3月建成。石木结构，二层，面阔50米、进深11米、通高11米。占地面积535平方米、建筑面积1134平方米、使用面积681平方米。造价3.2万元（银元）。取意于陈嘉庚祖籍地名集美，楼名"集美"。初作图书馆、宿舍，现为教室（一层）、鲁迅纪念馆（二层）。

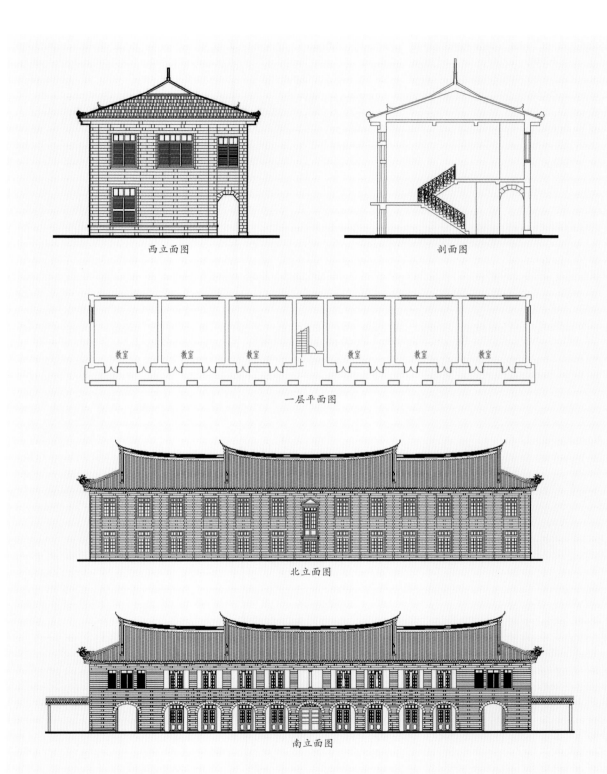

西立面图

剖面图

一层平面图

教室　教室　教室　教室　教室　教室

北立面图

南立面图

囊萤楼 1923年4月建成。石木结构，三层，面阔50米、进深17米、通高14米。占地面积880平方米、建筑面积2429平方米、使用面积1646平方米。造价6.7万元（银元）。取意于《晋书·车胤传》"胤博学多通，家贫不常得油，夏月则练囊盛数十萤火以照书，以夜继日焉"，楼名"囊萤"。陈嘉庚胞弟陈敬贤书名刻碑。初作学生宿舍，现为外文学院行政、教学、科研办公用房。

囊萤楼

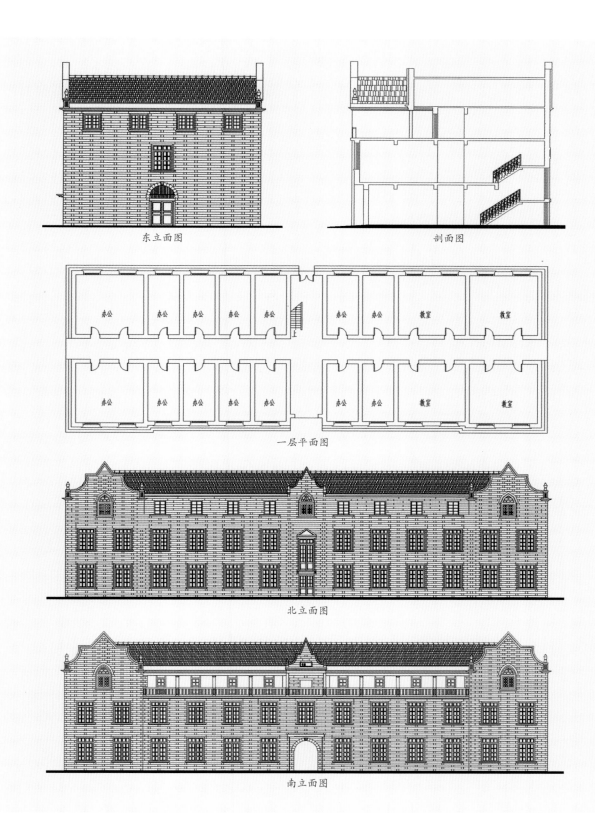

东立面图

剖面图

一层平面图

北立面图

南立面图

映雪楼　1921年5月建成。石木结构，三层，面阔50米、进深17米、通高14米。占地面积846平方米、建筑面积2308平方米、使用面积1523平方米。造价6.7万元（银元）。取意于明代廖用贤《尚友录》卷四"孙康，晋京兆人，性敏好学，家贫，灯无油，于冬月尝映雪读书"，楼名"映雪"。陈嘉庚书名刻碑。初作学生宿舍，现为海洋环境学院教学、科研办公用房。

映雪楼

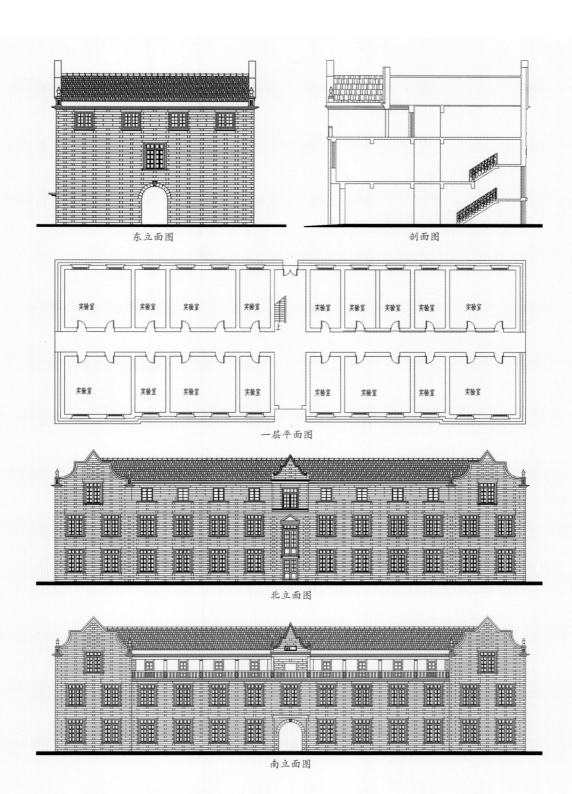

东立面图

剖面图

一层平面图

实验室　实验室　实验室　实验室　实验室　实验室　实验室　实验室　实验室

实验室　实验室　实验室　实验室　实验室　实验室　实验室　实验室

北立面图

南立面图

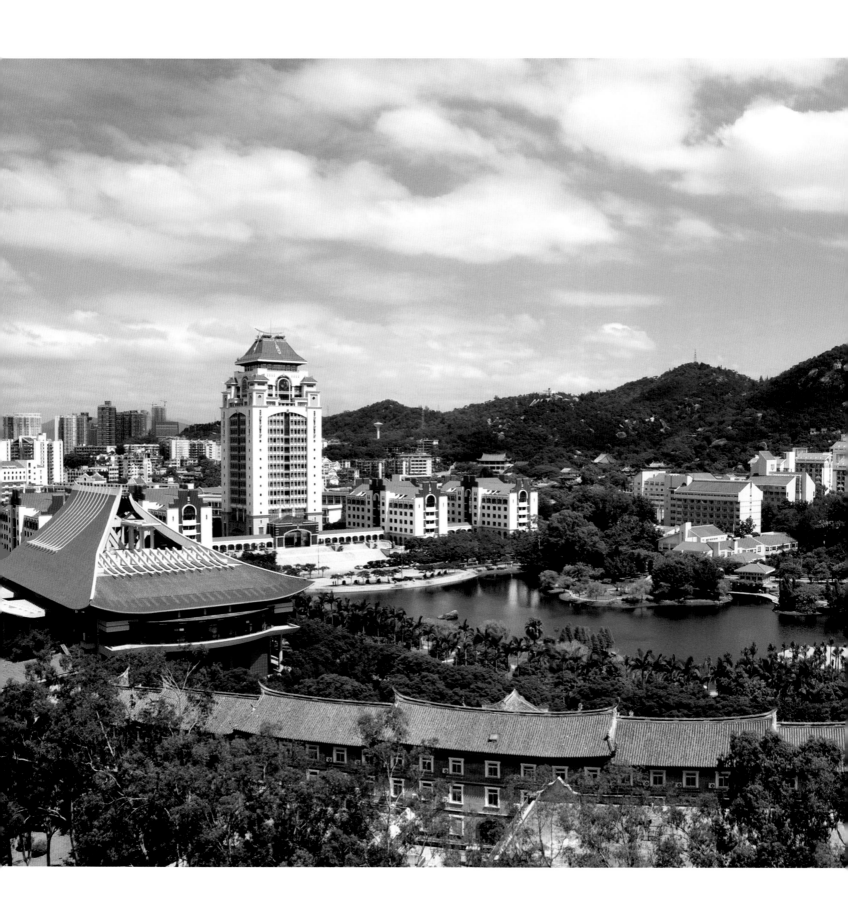

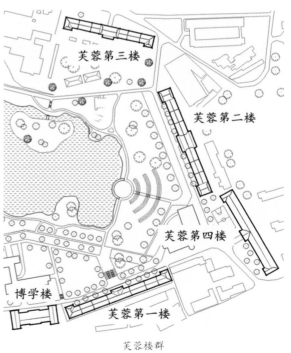

芙蓉第三楼

芙蓉第二楼

芙蓉第四楼

博学楼

芙蓉第一楼

芙蓉楼群

芙蓉第一楼　1951年建成。砖石木结构，四层，面阔118米、进深12米、通高15米。占地面积1154平方米、建筑面积3457平方米、使用面积1836平方米。造价156319.69万元。取意于李光前的李氏家族聚居地南安梅山镇芙蓉村，楼名"芙蓉"。用作学生宿舍。

西立面图

剖面图

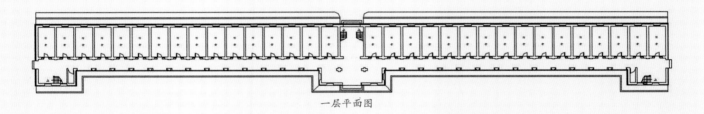

一层平面图

南立面图

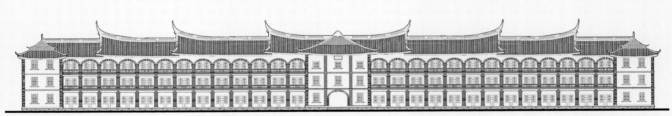

北立面图

芙蓉第二楼 1953年建成。砖石木结构，三层，面阔124米、进深13米、通高21米。占地面积1397平方米、建筑面积4667平方米、使用面积2264平方米。造价188613.93万元。取意于李光前的李氏家族聚居地南安梅山镇芙蓉村，楼名"芙蓉"。用作学生宿舍。

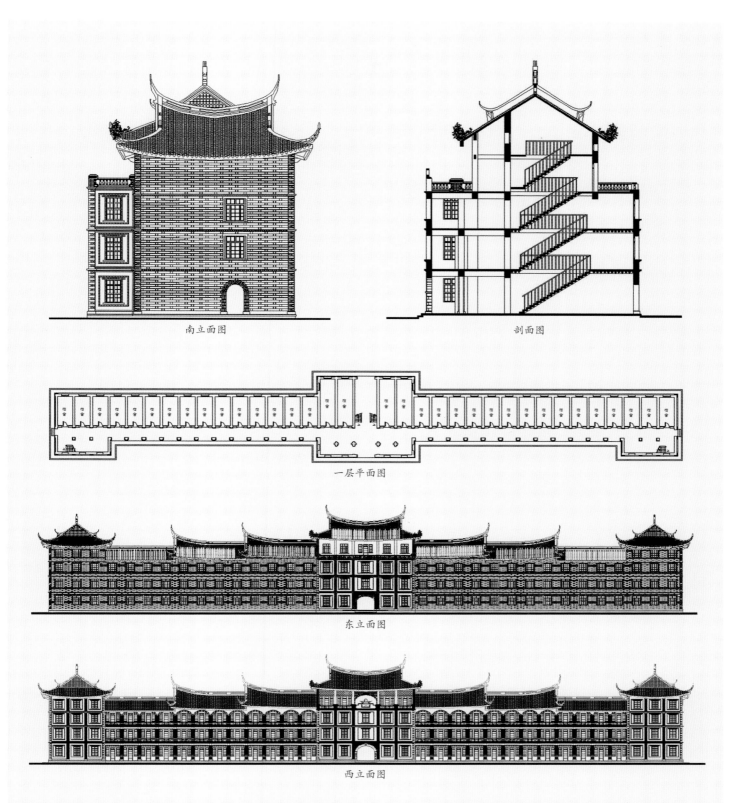

南立面图

剖面图

一层平面图

东立面图

西立面图

芙蓉第三楼　　1954年建成。砖石木结构，三层，面阔100米、进深13米、通高21米。占地面积1050平方米、建筑面积3427平方米、使用面积1657平方米。造价138617.29万元。取意于李光前的李氏家族聚居地南安梅山镇芙蓉村，楼名"芙蓉"。用作单身教工宿舍。

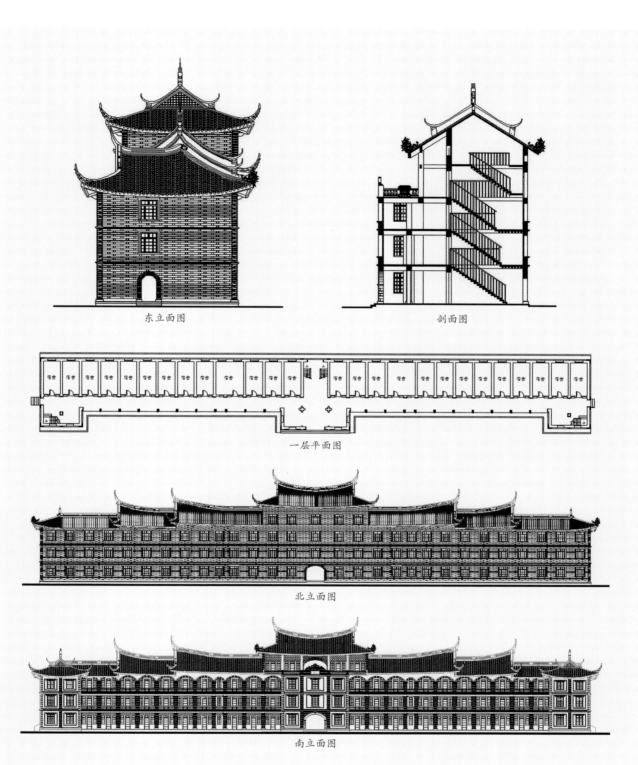

东立面图

剖面图

一层平面图

北立面图

南立面图

芙蓉第四楼　1954年建成。石木结构，三层，面阔101米、进深15米、通高15米。占地面积1312平方米、建筑面积5492平方米、使用面积2206平方米。造价106453.25万元。取意于李光前的李氏家族聚居地南安梅山镇芙蓉村，楼名"芙蓉"。用作学生宿舍。

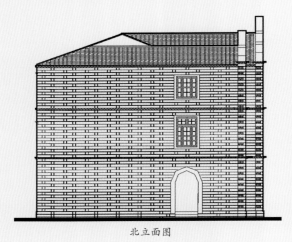

北立面图

剖面图

一层平面图

东立面图

西立面图

博学楼　1923年建成。石木结构，三层，面阔50米、进深20米、通高15米。占地面积794平方米、建筑面积2552平方米、使用面积1463平方米。造价6.6万元（银元）。取意于《论语·子张第十九》"博学而笃志，切问而近思，仁在其中矣"，楼名"博学"。初作学生宿舍，现为厦门大学人类博物馆（一、二层）、国学院（三层）。

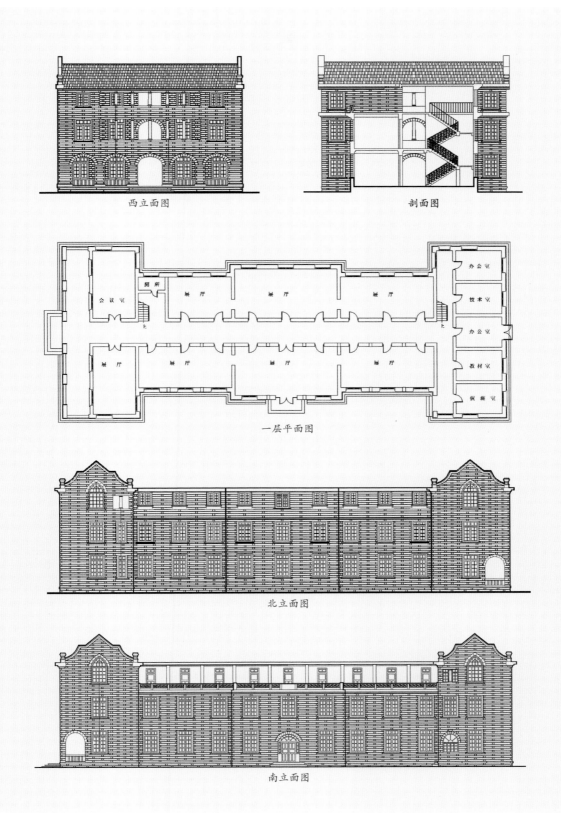

西立面图

剖面图

一层平面图

公议室　厕所　展厅　展厅　展厅　办公室　技术室　办公室　教材室　候诊室

展厅　展厅　展厅　展厅

北立面图

南立面图

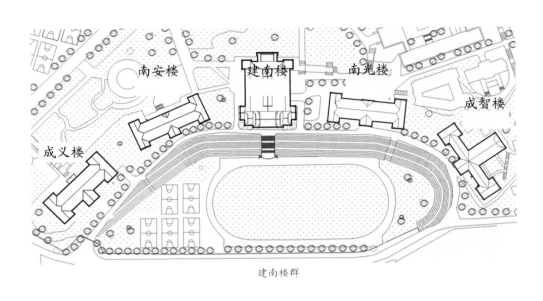

成义楼　南安楼　建南楼　南光楼　成智楼

建南楼群

建南楼群全景

建南楼 1955年建成。石木钢结构，五层，面阔52米、进深69米、通高25米。占地面积2808平方米、建筑面积5904平方米、使用面积4671平方米。造价395620.56万元。取意于李光前祖籍福建南安，楼名"建南"。初作会堂，现为会堂，前楼为陈嘉庚研究室、宣传部行政办公用房。

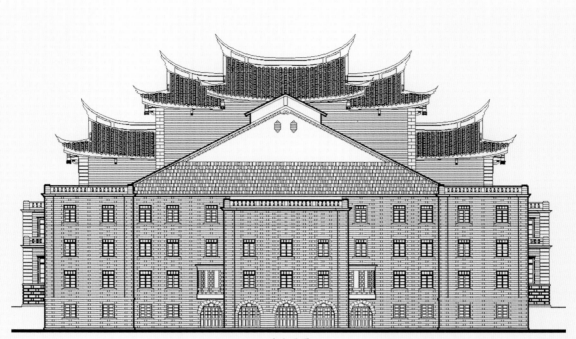

北立面图

南立面图

建南楼内景

一层平面图　　　　　　　　　　　　东立面图

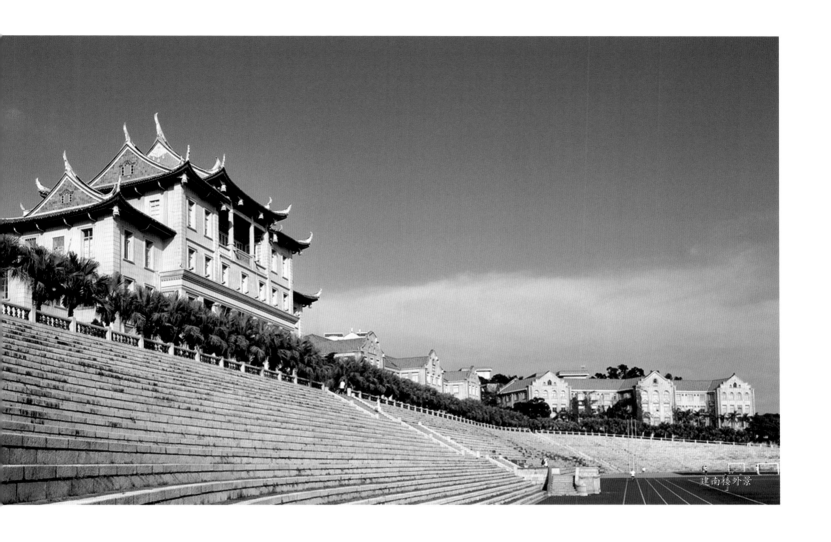

建南楼外景

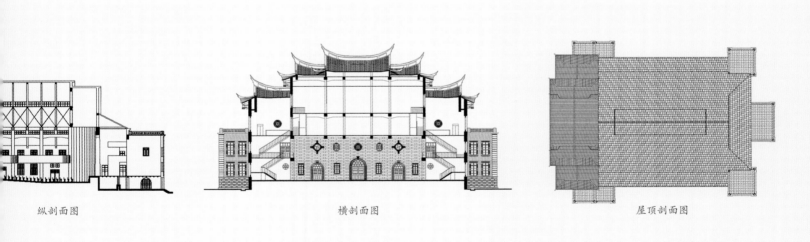

纵剖面图   横剖面图   屋顶剖面图

南安楼　1954年建成。石木与混合结构，三层，面阔60米、进深30米、通高17米。占地面积1540平方米、建筑面积4674平方米、使用面积3416平方米。造价190411.37万元。取意于李光前祖籍南安，楼名"南安"。初作"化学专用大楼"，现为生命科学院教学、科研用房。

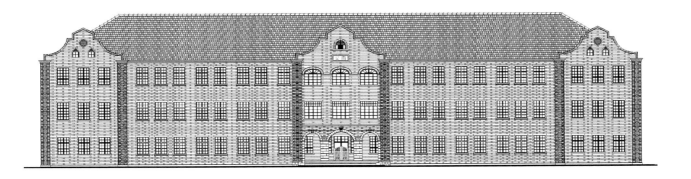

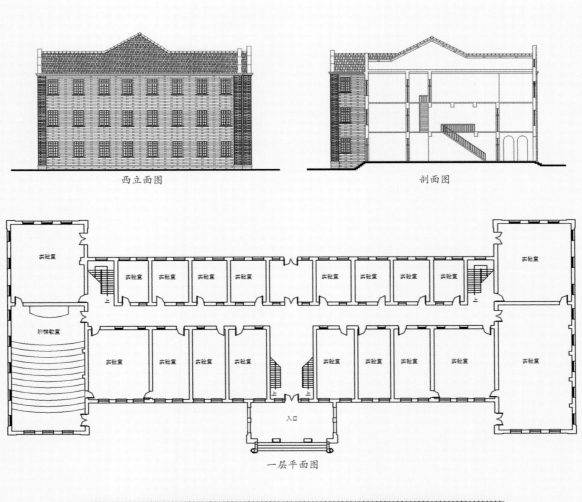

西立面图

剖面图

实验室

阶梯教室

实验室　实验室　实验室　实验室　实验室　实验室　实验室　实验室

实验室

上　　　　　　　　　　　　　　　　　　　　　　上

实验室　实验室　实验室　实验室　　实验室　实验室　实验室　实验室　实验室

上　　上

入口

一层平面图

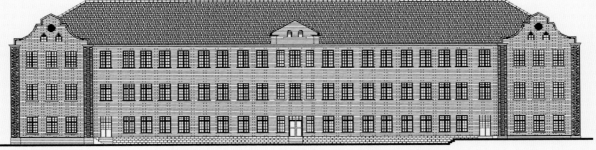

北立面图

南光楼　1954年建成。石木与混合结构，三层，面阔60米、进深27米、通高17米。占地面积1363平方米、建筑面积4521平方米、使用面积3284平方米。造价149653.49万元。取意于南安李光前，楼名"南光"。初作"物理、数学两系兼用大楼"，现为人文学院行政、教学、科研用房。

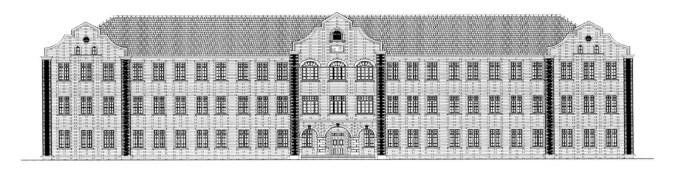

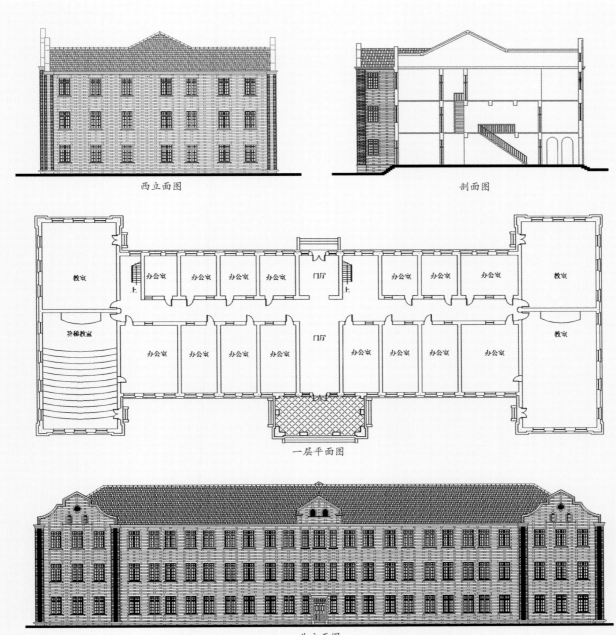

西立面图   剖面图

一层平面图

北立面图

成义楼　1952年建成。石木与混合结构，三层，面阔67米、进深27米、通高19米。占地面积1868平方米、建筑面积5580平方米、使用面积4181平方米。造价184332.91万元。取意于李光前大儿子李成义，楼名"成义"。初"用作生物学院"，现为生命科学学院教学、科研用房。

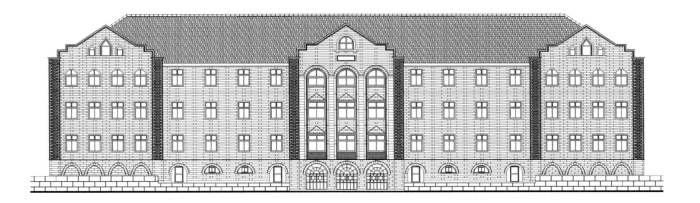

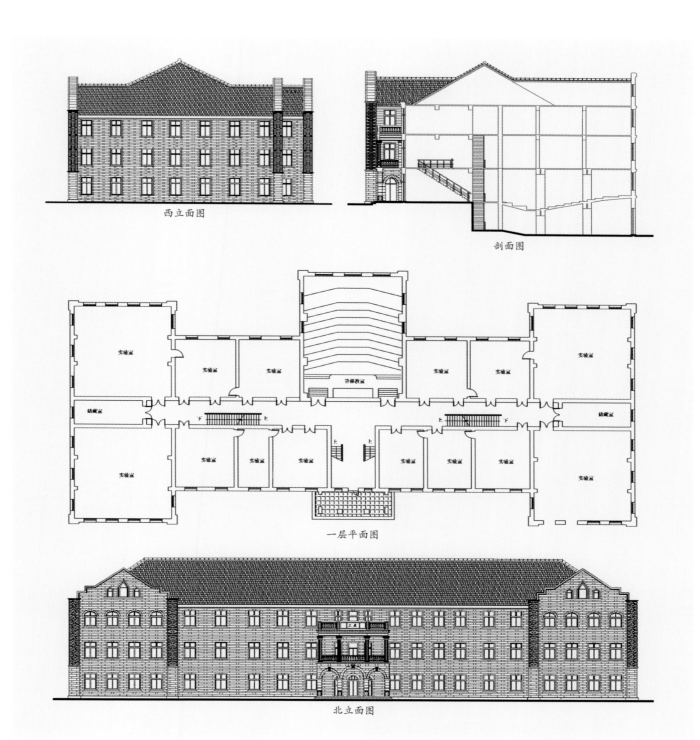

西立面图

剖面图

一层平面图

北立面图

成智楼　　1952年建成。石木结构，三层，面阔75米、进深18米、通高19米。占地面积1592平方米、建筑面积4125平方米、使用面积29311平方米。造价181415.93万元。取意于李光前二儿子李成智，楼名"成智"。初"用作图书馆"，现为公共事务学院行政、教学、科研用房。

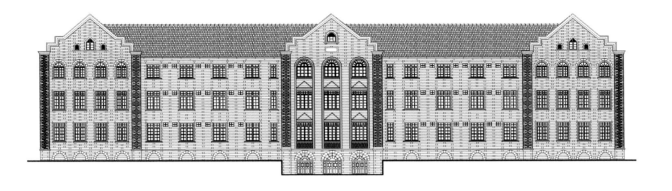

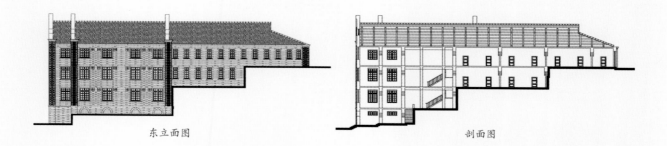

东立面图　　　　　　　　　剖面图

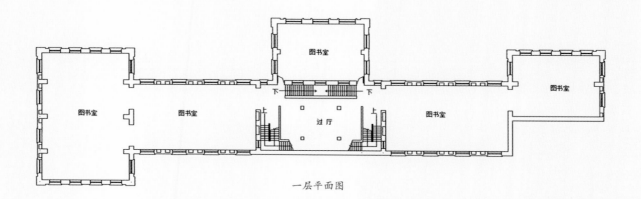

一层平面图

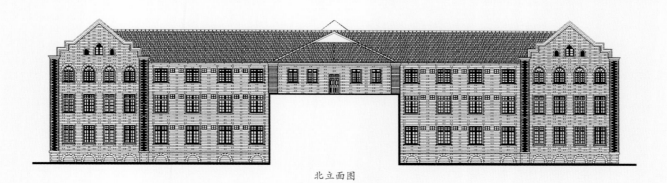

北立面图

建南楼群全景（1990年代）

建南楼群夜景（2000年代）

■ 校园建筑设计要大气实用，既传承嘉庚建筑的风格又体现现代建筑的优点。　——朱之文

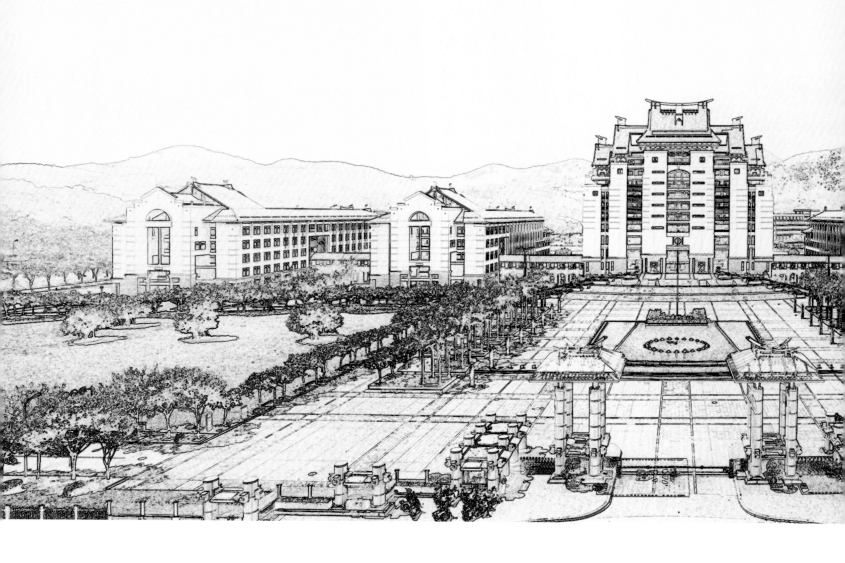

嘉庚建筑传承与发展

本部校区嘉庚楼群

为改善科研办学条件，提高教学水平，由教育部支持和华侨捐助，于2001年建校80周年之际落成的嘉庚楼群，沿用嘉庚建筑的"一主四从"传统楼群建筑布局，从建筑规模及高度上成为厦门大学校园的主体楼群。

嘉庚楼群在校园中心沿南北向成线性展开，由嘉庚一号至嘉庚五号的五座大楼组成，东向正面略呈弧形，面向中心广场，前方是开阔的芙蓉湖。主楼方形塔式，四坡锥顶，覆以红瓦，卷刹出檐，楼栏悬空，翘脊高耸，四从楼为红瓦、坡顶、硬山，与主楼之间连以廊道，二楼连廊与广场之间辅以统长大台阶，构成一个统一的整体。嘉庚楼群既延续群贤楼群、建南楼群的传统意向，保持了厦大总体建筑的风格，又有现代创意，形成了鲜明的特色。

本部校区嘉庚楼群于1998年6月开工，2001年4月竣工。主楼三号楼，高21层，建筑面积2.1万平方米，现为校部机关行政办公和部分研究院办公、教学、科研用房。一号楼、二号楼、四号楼、五号楼，高六层，建筑面积均为6500平方米，现为管理学院、物理机电学院办公、教学、科研用房，以及现代教育基础中心用房和公共教室。

气势宏伟的嘉庚楼群与巍峨的五老峰竞相峥嵘，白色花岗石铺就的中心广场与波光旖旎的芙蓉湖交相辉映。这一自然与人工并蓄，湖光与山色相宜的新景观，使美丽如画的厦门大学更加流光溢彩。火红的凤凰花绽放的时节，在四季如春的花园般校园里驻足流连的不仅仅是本校师生，还不乏纷至沓来的海内外客人。

本部校区嘉庚楼群夜景

本部校区嘉庚楼群全景

漳州校区嘉庚楼群

世纪之交，为落实科教兴国战略，拓展学校发展空间，厦门大学漳州校区于2001年4月开始建设。漳州校区位于龙海市港尾镇招商局漳州开发区，与校本部校区隔海相望。其环境优美，背靠虎尾山，面向大海，占地2726亩，建筑面积63.2万平方米。

漳州校区的规划与建设，主楼群又一次以"一主四从"的格局一字形朝东构筑，分别为嘉庚一、二、三、四、五号楼。嘉庚楼群居中主楼地下一层、地上12层，建筑面积4.7万平方米，两侧四座从楼均为五层，每座1.9万平方米。主从楼之间有5米宽的连廊贯通，使5座楼成为一个有机整体。楼群左右面阔370多米，前后纵深百余米，与隔海3.5海里的校本部建筑主轴相呼应，规模宏大，蔚为壮观。嘉庚楼群现为公共教学与实验中心、图书馆与信息交流中心，以及学校行政管理中心。

漳州校区嘉庚楼群，在建筑理念的传承和建筑风格的发扬上，汲取嘉庚建筑代表性元素与符号，体现中西合璧的风貌特征。中者以中式重檐歇山冠顶，高高扬起的翘脊燕尾，平缓、舒展，为了避免大屋顶的厚重沉闷，将中部升高，局部漏空，使屋顶显得庄重而轻盈飘逸；从者依西式古典建筑样式，光影变换的拱券柱廊，精巧、典雅，山墙采取分段进退、凹凸有致的做法，墙面配置竖向长窗和横向小窗，使主立面显得高大而匀称活泼。

更值得一提的是主楼图书馆的设计别出心裁。根据闽南地区既高温又潮湿的亚热带海洋性季风气候特点，为了适应气候条件，图书馆设置了高大宽敞的室内中庭空间，屋顶全架空玻璃天棚配备自动收放弧形反射布，以调节光照与温度，保持馆内通风采光的良好学习环境。

漳州校区嘉庚楼群的整体建筑设计，在延续老校区嘉庚建筑历史文脉的基础上，推陈出新，展示着自己的独特个性，营造出新时代的建筑风采。

漳州校区总平面图

漳州校区嘉庚楼群连廊

漳州校区嘉庚楼群主楼图书馆

漳州校区嘉庚楼群全景（背景）

翔安校区嘉庚楼群

　　厦门大学翔安校区，位于翔安区东南，北枕绵延数百里的香山风景区，南面向大海与大嶝、金门岛对峙，规划占地总面积3645亩，总建筑面积116万平方米。这里将成为厦门大学的本科、研究生人才培养基地，高水平科技创新与成果孵化基地，中国孔子学院总部南方基地和对外合作办学的示范基地。翔安校区用地景色优美，自然条件优越，将遵循"一次规划，分期建设"计

划，2012年完成建筑面积约50万平方米的一期建设，争取在建校95周年（2016年）时完成校区基本建设，到建校100周年（2021年）全部完成建设任务。

以全部沿用嘉庚建筑风格为规划设计原则的翔安校区建设，主楼群备受瞩目。校党委书记朱之文指出，把握嘉庚建筑风格，突显嘉庚建筑特色，在传承与创新中力求传形、传神，争取做到"神形兼备"，校园建筑设计要大气实用，既传承嘉庚建筑的风格又体现现代建筑的优点。由同济大学建筑设计研究院主持设计的"厦门大学翔安校区主楼群"方案，可以看到，翔安校区嘉庚楼群设计，在总体布局和空间组合上，依然采用"一主四从"的传统布局模式，凸现主建筑群磅礴的气势和整体感，同时与老校区取得文脉上的延续。

翔安校区用地原貌

翔安校区总平面图

　　嘉庚楼群位于整个校园的中轴线上，背山面海，五座建筑呈弧线形展开，总长600米，包括嘉庚一、二、三、四、五号楼。中座三号楼为图书馆、报告厅，九层，高46.5米，建筑面积71194平方米；两侧一、二、四号楼为公共教室，五号楼为公共实验室，五层，高21.9米，总建筑面积125307平方米。嘉庚楼群的造型风格，既体现嘉庚建筑的传承，又与现代空间设计手法完美结合，简化形式，全新演绎。大屋顶由两条充满张力的弧线组成重檐错落，体现闽南传统建筑中的宫殿之神韵。立面保留了大台阶、柱廊、拱券等要素，通过比例、光影、材质和色彩，创造出特有的古典之美。嘉庚楼群规模庞大，图书馆作为"一主"，居中而坐，正对主校门，处于最核心的部位。教学楼和实验楼分立左右，整个建筑群，主次分明，层次清晰，不仅在竖向上营造高低起伏、错落有致的建筑形态，而且在水平方向上形成了韵律感极强的凹凸关系。整体建筑居于一个高大的台阶基座上，更加突出了主建筑群的宏大气势，具有强烈的视觉效果。

　　嘉庚楼群，作为翔安校区一期工程的主体，其设计统领校园的总体风貌，将成为厦门大学嘉庚建筑的新的标志性建筑。

翔安校区全景

跋

1973年，作为工农兵学员，我上了厦门大学。来到厦大，首先打动我的就是依山傍海的校园、建筑，真漂亮！而后有幸在这里学习、工作、生活，已近40年了。应该是源自于考古学教学与研究的专业兴趣吧，我对学校的历史，特别是"嘉庚建筑"有着浓厚的别样情结。每当带朋友和客人走校园、看建筑，向他们作介绍时，一次又一次被感动的是自己，涌上心头的是主人式的自豪。我想，要有一本图文并茂的书来解读"厦门大学嘉庚建筑"多好！

走进"厦门大学嘉庚建筑"，实属偶然。去年，因"顾问"群贤楼群修缮工程，有机会在现场与朱之文书记触谈。让我没想到的是，他对校史、校园建筑是那么的熟悉，对"嘉庚建筑"有许多独到的见解。我的写书建议，即得到了他的支持。

开始动笔之后，阅读资料中发现，尽管鲜见厦大校园建筑的论文，但有关陈嘉庚及其建筑的著述则很多。这倒提示了我，已经有不少人写过"嘉庚风格"建筑了，恐怕按一般的写作方式很难取得想要的效果。那么，走进"厦门大学嘉庚建筑"，带读者领略什么呢？我就在想！

论建筑，建筑学者的一种流行提法"建筑是凝固的音乐"，可我觉得更大层面上应该说"建筑是凝固的历史"；论建筑文化，不能简单地被理解为建筑加文化，而应该是特定时期在某种文化背景影响下的建筑。要像建筑师那样去观察、去思考，但我更愿意拿出自己的本行，以"历史学家"来探索、来研究，不知能否如愿！

阅读建筑是了解文化最直接的方式，而要挖掘建筑中的具体而生动的人文信息，我来到了学校图书馆、档案馆，以及集美校委会档案室，搜寻材料；拜访当年跟随校主做事和在他身边工作的老先生，采集口述和借阅保存在他们手头的珍贵文件。从虽然有限却很能说明问题的一些资料的梳理中，看到了活生生的陈嘉庚，每一个细节，让我肃然起敬；看到了实实在在的嘉庚建筑，并不以我们现在理解它的方式而存在着，让我无尽感慨！

更重要的是，嘉庚建筑由使用的实物，转化为具有使用物与文物的双重性质的建筑，承载着历史的各种信息，是厦门大学发展历程的见证。这份宝贵的历史文化遗产，值得我们珍惜！这正是编撰《厦门大学嘉庚建筑》的初衷：保存逝去的历史记忆，展示今天的韵致风貌，留给明天一部可回忆、可品味，乃至可反思的"嘉庚建筑"的真实记录。

宋代史学家郑樵曾说过：图与书必须兼而有之，相辅相成，"见书不见图，闻其声不见其形；见图不见书，见其人不闻其语"，因缺一不可。确若所言，我努力找到了不少尘封的老照片、旧图纸，同时凭借自己对摄影的业余爱好，举起相机穿梭校园"狩猎"，也选用了若干幅专业摄影者的照片，并请厦大建筑与土木工程学院的张建霖教授为建筑制图。文字、照片

厦门大学历史系教授 庄景辉　　　　一级注册建筑师 庄齐

和绘图，让"厦门大学嘉庚建筑"尽情地演绎精彩。

　　抱着梳理资料的这番收获，涌动着一种致敬的兴奋，进入了不凡的写作过程。"虽善说者不能下一语，唯会心知之"。最后的两个月，无数次离开电脑键盘已是凌晨时分，也确有几次见到东方破晓泛起了一抹鱼肚白，欲罢不能，索性走出家门，信步来到"祖厝"。晨曦里的群贤楼格外地美丽动人，伫立嘉庚铜像前，幽幽之中是当年，仿佛听见那校主手杖步履的拄地声音，仿佛看到那建筑工匠们舞锤运斧的沸腾场景……

　　我当然知道，历史是回不去的，能回去的只有一种精神！当你走进"厦门大学嘉庚建筑"，将一样体会得到！

景辉

　　2018年本书再版，由庄齐作文字的修改补充，增加照片、制图，重新编撰完稿，谨此附记。

图书在版编目(CIP)数据

厦门大学嘉庚建筑/庄景辉,庄齐著. —厦门:厦门大学出版社,2011.3(2018.12 重印)
ISBN 978-7-5615-3864-7

Ⅰ.①厦…　Ⅱ.①庄…　②庄…　Ⅲ.①厦门大学-教育建筑-简介　Ⅳ.①TU244.3

中国版本图书馆 CIP 数据核字(2011)第 035034 号

出 版 人　郑文礼
责任编辑　蒋东明　高　健
版式设计　林跃群　黄　玮
美术编辑　张雨秋
技术编辑　许克华

出版发行　厦门大学出版社
社　　址　厦门市软件园二期望海路 39 号
邮政编码　361008
总 编 办　0592-2182177　0592-2181406(传真)
营销中心　0592-2184458　0592-2181365
网　　址　http://www.xmupress.com
邮　　箱　xmup@xmupress.com
印　　刷　雅昌文化(集团)有限公司

开本　965 mm×1 270 mm　1/16
印张　21.75
版次　2018 年 12 月第 2 版
印次　2018 年 12 月第 1 次印刷
定价　398.00 元

本书如有印装质量问题请直接寄承印厂调换

厦门大学出版社
微信二维码

厦门大学出版社
微博二维码